AI
场景革命

焦娟 罗中天 王利慧 石昊楠 周昭

·著·

中国出版集团

中译出版社

图书在版编目（CIP）数据

AI 场景革命 / 焦娟等著 . -- 北京：中译出版社，2024.4
ISBN 978-7-5001-7871-2

Ⅰ . ① A… Ⅱ . ①焦… Ⅲ . ①人工智能—研究 Ⅳ . ① TP18

中国国家版本馆 CIP 数据核字（2024）第 077174 号

AI 场景革命
AI CHANGJING GEMING

著　　者：焦　娟　罗中天　王利慧　石昊楠　周　昭
策划编辑：于　宇　方荟文
责任编辑：方荟文
营销编辑：马　萱　钟筏童

出版发行：中译出版社
地　　址：北京市西城区新街口外大街 28 号 102 号楼 4 层
电　　话：（010）68002494（编辑部）
邮　　编：100088
电子邮箱：book@ctph.com.cn
网　　址：http://www.ctph.com.cn

印　　刷：三河市国英印务有限公司
经　　销：新华书店
规　　格：880 mm×1230 mm　1/32
印　　张：8.25
字　　数：137 千字
版　　次：2024 年 4 月第 1 版
印　　次：2024 年 4 月第 1 次

ISBN 978-7-5001-7871-2　　　　　定价：79.00 元

自序一

场景是争夺用户时长与可支配收入的产品与服务的组合，to C（面向个人用户）的场景如此，to B/G（面向企业和政府）的场景亦然。这个定义的给出，是基于我们将场景作为一种最佳的切割方式，以期完备地锁定未来的所有爆款！

是的，《AI 场景革命》目标很清晰——捕捉人工智能（AI）时代的爆款！用什么捕捉？八大场景模型！

2021 年的元宇宙、2022 年的人形机器人、2023 年的 ChatGPT 与 MR 眼镜、2024 年的 Sora 与 Gemini……智能科技的这一轮产业革命，前半场的"C 位"均已被重磅官宣。2024 年、2025 年，目之所及的是，官宣这些重磅"C 位"的巨头们开始竞争与合作，在巨头的竞合中，应用开始落地、爆款开始出现了。

爆款是一、二级投资市场的"心之所向"。站在智能科技大浪潮的起点上，我们认为相较于以"专家"的方式去识别爆款，不如退后一步来建立一个锁定爆款的"世界观"——八大场景模型。

爆款，可以是内容，也可以是应用，但我们为什么选择用"场景"这个角度切入？因为内容虚空不定、应用难以预测，唯有场景，是一种切割方式，构建了能出爆款的三个维度——技术（生产力）、模式（要素）、底层逻辑，而这三个维度构建出了八大场景模型。

八大场景模型是一种世界观，代表我们对场景本质、历史观、终局的整体思考。我们认为场景的本质是时空与节奏，历代的爆款均是由异见、偏见和极少数的洞见走向潮流化、主流化——通俗来讲，凡是大家较为熟悉的模式，基本都不可能是未来的爆款。场景中的诸多爆款终将合力改变人的时空观，打破我们的常规认知或成见。

场景一定会极具区域化特色。关于 AI 领域的全球发展态势，我们从现实角度思考，并不认为中国将落后于美国。路径不同，不代表中国创新落后，而是各国在全球产业链中的分工确实不同，相较于美国所偏重的未来、人类、跳跃，中国侧重于现实、区域、升级——共同的时空观、不同的节奏，仅此而已。

未来科技并不一定推动伦理或人性的进化，相反，各种现实预期差更容易让人抽离，以"自虐"或"他虐"的方式去平衡，并强化这种游戏趋同性。还好，我们有"再平衡"的力量——逆人性的构建,这是我们更为看好的、国内未来的爆款之所在。

AI 时代的下半场,并非上半场进展到一定时间点才能开启,而是几乎与上半场同时开启。上半场的 AI 演绎,是以大模型、空间计算平台为工具与载体,2024 年、2025 年是上半场爆款频现的时间窗口——即将迎来百花齐放的繁荣局面;下半场的 AI 技术路径迭代到具身智能,故"重新理解现实物理世界"是下半场的主要命题——机器智能反而以实践性的突破倒逼人类更深地反思自身的智能。因此,场景的未来视角,在人形机器人进入家庭端后将更为广阔,我们将迎来更大范围的爆款频现!

焦 娟

2024 年 2 月 24 日

自序二

该书出版之际，Sora 横空出世的这个晚上，在我一个从事管理咨询业的老同事的群里，大家用各种战略思维激烈地争论着自己的工作会不会被 AI 所替代，正反双方争得面红耳赤，最后不欢而散。我相信这不是争论这个话题最激烈的一个群，也不是最后一个群。

我没有参与他们的讨论，因为我已经沉浸在 Sora 带给我的震惊之中。最让我震惊的是，自 2023 年 3 月 14 日 GPT-4 发布以来，OpenAI 在一年的时间内，实现了从一维的"文生文本"到三维的"文生视频"的迭代，这在人类科技史上是绝无仅有的。以至于我不得不相信，AI 能够带领人类探索更高维的世界，打开近乎无限的想象空间。

我认为，现在讨论 AI 时代以前形成的工作或者行业是否会被替代已经没有意义。AI 肯定不会着眼于一个百亿规模的管理咨询行业去替代，高维的技术带来的是整个社会的颠覆性改变，顺便"消灭"某个百亿甚至千亿规模的行业也是稀松平常的。正如《三体》中的金句所言："我消灭你，与你无关！"

我认为应该讨论的是：在当前和未来一段时间内，AI 技术会创设出什么样的新场景？而我们如何在新场景中快速卡位并确立自己不可替代的地位？

《AI 场景革命》这本书将为读者提供以下三大关键价值：首先，帮助读者定义什么是场景；其次，启发读者如何捕捉 AI 时代的新场景；最后，提供八大场景模型的基本范式供读者参考。本书的内容在"道"的维度上足够深刻，在"术"的维度上足够实用。

在 Sora 推出的这个晚上，因为我已经通过两个关键动作，完成了自己的事业与 AI 新时代的链接，所以当下非但没有焦虑，反倒有了冲浪的快感！第一，我开发了一款聚合全球最优秀的人工智能生成内容（AIGC）软件的浏览器，供本公司和行业内的自媒体作者使用，这既保持了对最前沿技术的敏锐性，又用最轻的方式开始了 AI 商业化；第二，要求互联网证券业务的 300 名骨干员工学会用主流的 AI 软件提升自身工作效率。我坚信一个公司的骨干员工对 AI 有深入理解后，大概率比老板一个人搞懂 AI 更容易跟上 AI 时代的步伐。

AI 时代才刚刚开始，只要行动就为时不晚！

罗中天

2024 年 2 月 15 日

目 录

第三章

场景：从异见、洞见到潮流、主流

第四章

场景时代：改变人的时空观

第五章

八大场景：技术、模式、底层逻辑

第六章

从新硬件主义到智能交互

第七章

智能与智能体

第一章

数智时代：场景革命

第一节
什么是场景

一、从流量入口之争到场景之争

"场景"的原初意义是电影和戏剧中的场面、情景，是指在特定时间、空间内发生的行动过程，或者因人物关系构成的具体画面，包括人物（Who）、时间（When）、空间（Where）、事件（What）这四个要素。在电影与戏剧中，正是由于一个个不同场景的衔接，完整的故事情节才得以呈现。

其实我们每个人每天都穿梭在不同的场景之中，如家庭场景、办公场景、聚会场景、会议场景、通勤场景等，甚至等电梯的过程也可以被分割为一个细分的场景。正是这些无处不在的场景将人和社会连为一体。

随着互联网的出现，"场景"这一概念有了新的含义。新语境下的"场景"一词兴起于 2014 年底，流行于 2015 年，恰逢移动互联网的发展如火如荼。互联网语境下场景的本质是生活逻辑，建立在新的计算平台之上，是在还原一种生活方式或构建一种生态。

在个人计算机（PC）互联网时代，巨头的竞争主要在于占据流量入口，门户网站、搜索引擎、电商平台等是那个时代的新物种，场景较为单一且其内涵较为单薄。到了移动互联网时代，以短视频、直播、智能家居为代表的新生活方式崛起，挟场景之势席卷行业与用户。尤其是在移动互联网的下半场，巨头的竞争焦点转移到变现效率上，即除了用户规模之外，更是增强了对付费率、复购率、平均每用户贡献收入（Average Revenue Per User，简称 ARPU）等指标的重视，也更加重视围绕用户的场景生态的建设。

中国早期互联网商业的发展史，可谓是一部流量争夺史。"信息入口"一词是基于 PC 互联网提出的，可以理解为人们上网的入口，能够左右人们在互联网上的"路径"。在 PC 互联网时代，入口包括那些能够为其他应用带来流量的站点和工具。占领入口等于占领用户，掌握流量。早期需要线上消费的东西也少，如游戏、网文等，互联网平台基于流量进行广告变现，而游戏公司等通过内容变现。

进入移动互联网时代，人们上网的需求和形式发生了巨大改变，随时随地都可以上网，所有的需求皆由场景而定，满足需求的应用成为新形式的信息入口。现在人们的一部分线下消费习惯转到了线上，还新增了对新的消费场景的需求，包括内容付费、订外卖、打车等。互联网平台的变现方式除了广告、内容之外，还拓展出了会员付费（会员增值服务）、电商等方式，对用户的争夺越发激烈。

场景思维下，移动互联网的竞争逐步升级。到了移动互联网下半场，在流量分散与红利见顶的背景下，互联网平台的竞争从流量竞争转为存量竞争，现有存量用户能够为互联网公司贡献收入的两个重要指标是用户使用时长（间接获得广告收入）和 ARPU（直接获得付费收益），互联网公司开始越来越多地思考如何争夺更多的用户使用时长与可支配收入。

在移动互联网的覆盖范围内，人的活动场景是连续的，需求环环相扣，解决最终的需求往往涉及一个很长的商业链条。目前在这个过程中，关联的每一个场景都可以单独成为新的入口，并以此设计消费点。以用户计划外出就餐为例，中间的环节包括就餐前的查询餐厅、查看菜单和评价、查询优惠信息、前往就餐地点，以及就餐后的点评、分享等，这一系列的过程可以在一个应用程序（App）中完成，也可以在不同的环节使用不同的 App，且各个环节都可以单独设计服务消费点，比如 App 对餐厅的大数据推荐、优惠团购、线上打车、分享优惠等。

结合 PC 互联网信息入口的特征进行对比，我们可以看到两种平台解决问题的过程存在明显差异，PC 互联网平台上各元素（内容）之间的关系是横向的，而移动互联网平台上（按场景关联）的各元素（应用）之间的关系是纵向的。互联网争夺战从流量入口之争到场景之争的结果，是"战火"从入口处"烧"到了商业链条的各个环节。过去，PC 互联网从入口到解决问题往往只有 2—3 层，而移动互联网场景下可以从入口深入多层，甚至形成闭环。①

移动互联网时代的巨头为何更看重"场景"？在移动互联网时代，随着信息的分散化和碎片化，入口的地位不再如 PC 时代那样重要，取而代之的就是场景。场景之所以比入口重要，是因为移动互联网比 PC 互联网更贴近人们的生活。如果移动互联网厂商能找到人们的衣、食、住、行、工作、学习、社交等环节的任何一个场景切入点，新的机会就将诞生。互联网从业者把握这样的机会，或可打破 PC 互联网延续下来

---

① 安建伟.互联网争夺战：为什么从信息入口之争到场景之争？[J].互联网周刊，2015（9）.

的市场格局，开辟新的优势领域。

理解场景之争的最典型案例，是微信支付和支付宝的竞争。微信支付和支付宝之间的竞争不是简单的用户之争或社交之争，更根本的还是支付场景之争。微信支付和支付宝的基因不同，前者是社交基因，后者是交易基因，两者之前有过几次"交手"，其中影响最深远的是"红包大战"。2015年前后，支付宝在线下场景的布局上遥遥领先，覆盖了商超、餐饮、便利店等众多线下场景，甚至包含了水、电、燃气、物业费等便民生活缴费服务场景，充斥了人们生活的方方面面。之后，微信支付连续几年瞄准节日问候这个重要场景，利用春节红包培养人们在微信上的支付习惯，为后续的支付市场开拓奠定了基础。现在这两家的竞争已经从线下支付场景拓展至金融服务、泛娱乐等领域。微信支付和支付宝虽然基因不同，但最终目的一致，就是让用户所有与支付、金融相关的行为，都能在自己的平台上完成，尽可能地布局更多的应用场景，将用户"圈"在自己的场景大生态之中。

从微信支付和支付宝对场景的争夺可以看出，互联网巨头的竞争越来越注重生态的构建，场景呈现横纵双向拓展的趋势。依循场景纵向关联的思路，由于闭环是理论上纵向无限延伸的模型，是最具竞争力的形态，所以让每一个场景对应一个闭环；同时，由于同类应用的存在，每一个场景又可以通过不同的组合路径形成不同的闭环；最后，不同的场景同时存在，从任一点切入都可以找到满足最终需求的路径，这里的路径可以是线，也可以是环。

闭环是一种理想状况，是涉及环节最多的一种路径，但是具体到某一个需求而言，平台给出的方案在纵向的深入，即从入口到最后解决问题的过程中，反而是越简单越有竞争力，即效率越高。这源于互联网的发展开始步入精细分工阶段，以实现更深层次地满足用户的需求，提供个性化的产品和服务，这促进了不同细分场景领域内的公司发展。比如腾讯的场景应用的先发优势在于社交、游戏，之后借力微信覆盖电商、餐饮等领域，获得了较高的流量与用户时长。腾讯的缺陷也比较明显——虽然覆盖领域众多，但其各个领域之间的界限模糊，并且在相应的行业中，竞争优势并不明显。再比如阿里巴巴擅长电商、生活服务等场景的运营，但不擅长娱乐场景的运营。

目前，中国移动互联网市场的热门应用场景包括以下几类。

- 搜索：在移动端，百度搜索仍然是国内最大的搜索引擎；

- 消费：O2O（线上到线下）、B2C（商对客）、C2C（个人对个人）、团购等方式快速涌现，且消费的细分场景众多，如电商、外卖、餐饮等；

- 出行：涉及日常、商务、旅游出行等，不同场景的复杂度不同，比如查地图路线、订酒店和机票等服务环节越来越线上化；

- 社交：以微信为代表的即时通信社交、以抖音为代表的短视频社交等；

- 办公：在移动商务场景下，此前一般只涉及"轻"应用，例如阅读文档，简单修改、查阅邮件，名片管理等，其他的线上办公场景在疫情期间获得迅速发展，如腾讯会议的用户数快速增长。

综上所述，PC 互联网时代的核心关键词是"流量入口"，移动互联网时代的核心关键词是"场景之争"，即为用户打造个性化的场景，并以此为基础不断提升变现效率。总结来说，按照互联网的发展趋势，早期 PC 互联网以三大门户网站为首，连接的是人与人、人与信息。彼时互联网巨头的关注点为"流量入口"，场景是单一的、狭隘的，在线上体现为获取资讯与网上冲浪，人在线下的空间位置则局限于书房、网吧等，线上与线下融合度低。到了移动互联网时代，门户网站的地位开始衰落，取而代之的是各类应用场景，它们不仅连接人与信息、人与人，也连接人与环境。随着人在线下的位置随时随地变化，场景更加多元化，线上与线下的融合也更深入，如"O2O"概念的出现；且在移动互联网下半场，由于流量入口的分散、信息的碎片化，用户更需要以人为中心、以场景为单位的，更及时、更精准的连接体验，即出现了个性化的需求。此时，互联网的各入局方更加注重变现效率（用户时长和可支配收入等指标）、个性化，围绕不同的细分场景，不同企业以衣、食、住、行等方向为切入点进行场景需求的深度挖掘，to C 的场景如此，to B/G 的场景亦然。

二、元宇宙的应用场景

元宇宙的应用场景有狭义和广义之分。狭义主要是从沉浸式体验出发的界定，认为元宇宙只是对移动互联网的三维重建；而广义的元宇宙更多是数字经济的范畴，重大技术革命将带来全社会的再一次重构。元宇宙的场景会更加细分，竞争也会更加激烈。

从用户角度看，元宇宙的发展主线是创造高质量的沉浸式内容，带来多感官的时空体验。技术路径上，元宇宙通过虚拟现实技术（VR）、三维（3D）建模工具等将现有的内容体验重塑一遍，将各种内容形态升级为 VR 影视、VR 游戏、VR 社交等。

广义的元宇宙覆盖更多的应用场景，除了将原有移动互联网的产业形态改造一遍，更会触达移动互联网所不及或改造不彻底之处，如社会治理、医疗、体育健康、文化旅游等领域，具体的场景则包括智慧城市、智慧交通、医学教育、沉浸式主题乐园、沉浸式剧场等。

因此，广义的元宇宙所包含的入局方更多，不仅是现有的互联网巨头公司，终端厂商、电信运营商等也悉数入局，这会带来更加丰富的应用场景，同时竞争也会更加激烈，元宇宙将会占据用户更多的在线时长与可支配收入。

第一，用户在线时长将进一步提升。在元宇宙时代，现实物理世界与虚拟世界的边界被打破，二者成为融合体，人将通过虚拟数字人化身进入元宇宙世界，在其中进行创作、交互。我们特别强调，此处的虚拟数字人是人在虚拟世界的化身，与物理世界的身份是一一对应的关系。由于元宇宙能够为人与人的交互带来更加沉浸化的体验，在一定程度上将带来交互效率的提升，比如用户在元宇宙会议室中可以实时呈现讨论的结果，这必将导致用户花费更多的时间沉浸在虚拟世界中。谁将获得用户这部分增量时长，谁便能获得更大的利益。

第二，交互场景变得多元且复杂，预计将衍生出更加丰富的服务需求。在现实物理世界，大部分人的工作只代表了其能力与兴趣的一个部分，而元宇宙为人们提供了实现"第二人生"的机会，人们还可以借助虚拟数字人作为分身体验不同的身份。随着元宇宙虚拟世界的不断丰富，现实生活中的每个人都可以塑造自己的虚拟分身，甚至以多个虚拟分身活跃在多个元宇宙中。虚拟分身可以与真人并行做不同的事情，比如真人在家处理家庭事务，虚拟分身可以与同事和同学一同办公、学习，可以出席活动、参加培训，可以与好友的虚拟分身在虚拟空间中一起购物、看电影、观展、看演唱会，等等。因为每一个虚拟分身都存在社交、娱乐、交易等不同的需求，所以，单一主体可以借助分身实现并行交互，同时增加了不同人的虚拟人之间的交互。预计场景将变得空前复杂，服务的需求也将随之衍生。

第三，借助虚拟分身可以有效放大个体优势，从而撬动时间杠杆、增加可支配收入。目前已经能够看到围绕明星知识产权（IP）运营展开的尝试，根据形象定位向泛娱乐内容产品和相关衍生品进行延伸，使自带粉丝与流量的真人明星或名人运营 IP 化，挖掘并释放更大的价值。例如，韩国 SM 娱乐公司旗下女团 aespa，除了四名真人成员外，还设立了该四名成员的 AI 虚拟形象，进行虚拟数字活动，成为首个"元宇宙女子组合"。另外，明星数字虚拟分身的周边产品（玩偶、服装、配件等），甚至是以独立艺人身份在漫画、游戏等场景下的跨界合作，都是 IP 运营应用的拓展[1]。假如现在艺人每天只能参加 3 场活动，那么在元宇宙时代，他们通过分身可以参加 6 场甚至 12 场活动（取决于分身的数量与时间安排），从而获得更多的收入。普通人通过虚拟分身也可以实现收入的增加，个体的收入增加后将有能力支撑消费，从而带来巨大的经济价值。

第二节
场景的三个维度

从供给的角度看，技术决定操作系统，模式决定操作路径，要素与场景则以产品或服务的形式共同作用于人性（顺

---

① 德勤.消费元宇宙开启下一个消费时代：重塑消费生活体验、激活数字经济系统［R/OL］.（2022–09–01）. https://www2.deloitte.com/cn/zh/pages/technology-media-and-telecommunications/articles/cn-tmt-consumption-metaverse-opens-the-next-era-of-consumption.html.

人性还是逆人性）。对场景这个"点"的客观、真实理解，须沿着"技术＋模式→产品或服务"这条"线"来分析。而这三项关键供给构成了场景的横向、纵向、斜向三个分析维度（见图 1-1）。为了更好地洞察未来技术（虚拟现实、人机协同 / 共生）的发展与产业的变迁，我们先简单回溯一下第三次工业革命中，技术与模式的创新所带来的发展浪潮。

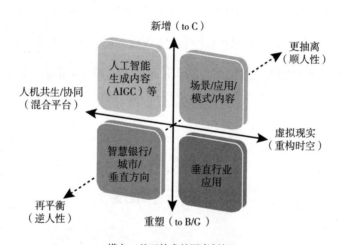

横向：基于技术的要素创新
纵向：基于模式的场景创新
斜向：产品或服务的用户逻辑

图 1-1　场景的三个维度

从时间上来看，上一次信息技术革命始于 1946 年电子计算机的诞生，距今已有 70 余年。任何一次技术革命都有其核心技术和核心受益人群。核心技术方面，早期支撑信息产业高速发展的基础是摩尔定律，它支撑了长达半个世纪的半导体产业的持续进步。而核心受益人群方面，由于技术革命的辐射能力非常强，会不断改造旧产业，缔造新产业，因此，历次工业革命都会有一大批核心产业之外的受益人群，都会按照图 1–2 的范式诞生新的产业或新的场景 / 需求。

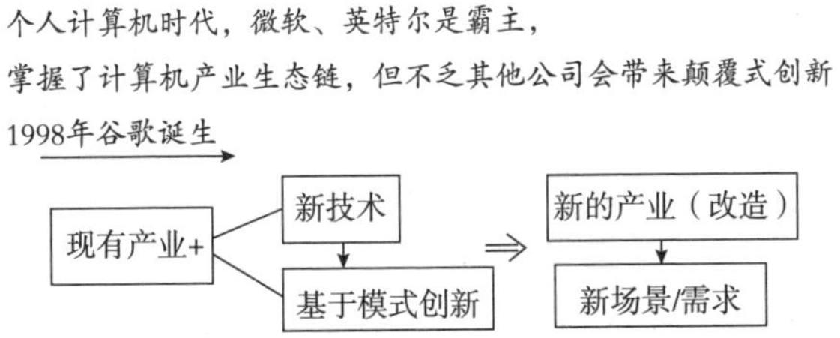
个人计算机时代，微软、英特尔是霸主，
掌握了计算机产业生态链，但不乏其他公司会带来颠覆式创新
1998年谷歌诞生
现有产业+
新技术
基于模式创新
新的产业（改造）
新场景/需求

图 1–2　产业创新范式

科技分两大类，一类是基于技术的要素创新（硬科技），另外一类是基于模式的场景创新（软科技）。其实并不需要所有人都去研究核心新技术，也不需要每家公司都去生产处理器、编写底层软件。由于新技术的辐射范围巨大，因此，在其他领域善于运用新技术的公司，只要知道如何使用现有技术来改造现有产业，也能成为新时代的受益者。

在第三次工业革命中，基于要素创新的公司主要分布在半导体和底层软件领域，它们突破现有的技术瓶颈，不断拓展要素的技术边界，从而实现技术的深层次进步，我们称之为"硬科技";基于模式创新的公司主要集中在互联网和各类集成商领域,它们基于现有的科技要素,进行模式的匹配和组合,并应用于各种场景,我们称之为"软科技"。

回顾工业革命所带来的财富增长,大部分受益者并非来自最核心的技术领域。处于技术浪潮之巅的公司不仅包括硬科技(包括硬件与软件)的研究机构和制造商,如微软(Microsoft)、英特尔(Intel)、苹果(Apple)等;也包括一大批运用新技术改变现有行业和创造新场景需求的公司,如谷歌(Google)、亚马逊(Amazon)、阿里巴巴等。

硬科技是科技发展的底层源动力,人工智能、芯片制造、生物工程等技术的发展,归根结底来源于数学、物理、化学、材料等基础科学的突破。对于技术边界的拓展,这些基础科学背后的要素创新自上而下,层次越深,难度越大,中国与国外的差距也越大。

在硬科技领域,早期的核心代表公司为微软和英特尔。在个人计算机时代,也就是从20世纪80年代初到20世纪末长达20年的时间里,微软和英特尔是产业的领导者,分别垄断了个人计算机产业生态链(见图1-3)中的软件和操作系统开发环节、处理器制造环节,享受了早期技术革命所带来的发展红利,成为那个时代市值最高的两个公司,以至于有人把当时的 PC 行业格局称为"英特尔 – 微软体系"（WinTel）。英特尔的贡献在于证明了处理器公司可以独立于计算机整机公司而存在。在英特尔以前，所有计算机公司都必须自己设计处理器，这使得计算机制造成本高企，而且无法普及。英特尔不断为全世界用户提供廉价的、越来越好的处理器，推动了个人计算机的普及。

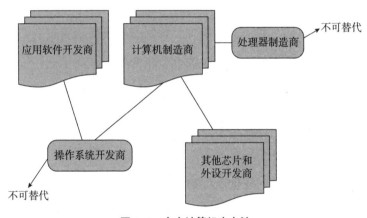

图 1-3　个人计算机生态链

　　除了计算机产业生态链中最核心的处理器和操作系统的环节能够创造价值，产业链的其他环节及产业链之外的价值也很高。一方面，每一次工业革命均会带来更精细的分工和更大范围的合作，早期的计算机行业，从芯片到整机系统的制造都由计算机公司各自完成，彼此之间没有合作。但是，随着英特尔等专业半导体处理器公司的出现，计算机产业更多地从竞争走向合作。目前全世界大多数的计算机整机公司与手机公司并不自己设计和制造处理器芯片，但个人计算机和手机市场仍然蓬勃发展起来。另一方面，工业革命之所以被称为革命，是在于其对过去全社会、全产业的颠覆，其影响力的广度和深度自然不会局限于中心领域，也不会仅仅在短时间内产生影响，而是会延伸到社会生活的方方面面，并持续很长时间。如信息技术与互联网带动了传统零售业、银行业、运输业等的革新，也催生了新的线上社交生态，一些以软科技为主的公司展现出了极强的爆发力，比如亚马逊与谷歌的市值都曾超过微软。

软科技是基于现有要素的排列组合，本质上是一种集成创新，是基于硬科技创新的衍生产品，在各个领域展现出极强的爆发力。我们基于算力（芯片）、算法（操作系统）、网络（基础设施）的现有要素资源，将软科技创新分成三种范式：第一种是基于人的数字化，也就是"to C"；第二种是基于企业或组织的数字化，也就是"to B"（包括"to G"）；第三种是基于物（Things）的数字化赋能，我们称之为"to T"。

以上三种场景都已经或将产生世界级的软科技巨头，例如，to C 的腾讯、Meta（原 Facebook）、谷歌；to B 的阿里巴巴、亚马逊、美团；to T 的小米、华为等。我们统计了 2022 年全球主要市场（美股、港股、A 股）的互联网与科技领域的上市公司市值，截至 2022 年 12 月 31 日，在市值最大的 20 家公司中，硬科技领域的公司有 7 家，包括苹果、微软、特斯拉、台积电、英伟达等公司，而软科技领域的公司有 13 家，包括谷歌、亚马逊、腾讯控股、Meta、阿里巴巴等公司（见表 1-1）。

上文提到的 to B 与 to C 这两个概念是随着互联网技术的发展而兴起的。其中 to B 面向企业或特定用户群体，通常为企业提供相关的产品 / 服务，付费的是企业；而 to C 面向最终客户，常指直接面向个体消费者提供产品 / 服务，付费的是个人。简单理解，to B 面向企业，主要是面向工作，一般是为了达到简化流程、增加业绩的目的；to C 面向个人，主要是面向生活，为了满足生活方方面面的需求，使生活更加便利。

概括而言，to B 与 to C 市场通常被称为企业级市场与消费级市场，面对的客户有着完全不同的购买心理与决策逻辑，为客户提供的产品 / 服务存在非常大的差异。我们将从 to B 与 to C 的用户需求、应用场景、技术特点、商业模式等角度进行具体剖析。

表 1-1　2022 年末全球主要市场的互联网与科技领域上市公司市值前 20 位

排名	证券代码	证券简称	总市值（亿美元）	主要产品/服务
1	AAPL.O	苹果（APPLE）	20 669	集硬件（芯片）、软件服务于一体的综合科技公司
2	MSFT.O	微软（MICROSOFT）	17 877	电脑软件服务（Windows、Office）、云服务
3	GOOG.O	谷歌（ALPHABET）	11 450	搜索引擎、云计算、人工智能
4	AMZN.O	亚马逊（AMAZON）	8 569	电子商务、云服务
5	0700.HK	腾讯控股	4 099	社交通信工具、泛娱乐服务
6	TSLA.O	特斯拉（TESLA）	3 890	智能新硬件、人工智能
7	TSM.N	台积电	3 863	芯片相关产品、芯片代工
8	NVDA.O	英伟达（NVIDIA）	3 595	芯片相关产品、人工智能
9	META.O	脸书（META PLATFORMS）	3 191	社交、VR 新硬件
10	BABA.N	阿里巴巴	2 343	电子商务、社区生活、云服务
11	AVGO.O	博通（BROADCOM）	2 337	芯片相关产品
12	ORCL.N	甲骨文（ORACLE）	2 204	IT 软件服务
13	ASML.O	阿斯麦（ASML）	2 200	芯片相关产品、光刻机制造商
14	CSCO.O	思科（CISCO）	1 957	提供互联网解决方案、服务设备和软件产品
15	ADBE.O	奥多比（ADOBE）	1 565	软件服务（Adobe 系列）
16	TXN.O	德州仪器	1 499	半导体设计与制造
17	3690.HK	美团-W	1 387	社区生活服务
18	CRM.N	赛富时（SALESFORCE）	1 326	企业管理软件服务
19	IBM.N	国际商业机器公司（IBM）	1 274	计算机软件服务
20	SAP.N	思爱普（SAP）	1 262	企业管理、应用软件服务

资料来源：Wind。

注：市值统计的截止时间为 2022 年 12 月 31 日。

· 用户需求不同

首先，从目标用户来看，一个是企业，一个是个人，企业和个人用户的需求存在天壤之别。

由于 to B 产品的需求方是泛化的企业，买单的人大多为公司总经理级别以上者或关键决策人，所以对于产品的需求一般都是工具属性的需求，注重产品的功能实效化及专业化，要求产品能够产生实实在在的价值和效用，如提升日常工作效率、节省工作成本。因此，在用户量级上，to B 产品的用户数量相对较小，但客单价高。

而 to C 产品的客户群体为广泛的个人消费者，不同于 to B 产品的购买者和使用者不是同一个人，to C 产品的购买者即最终使用产品的人，他们对产品的需求更多是功能外部化，个人的体验感要好。在用户量级上，to C 产品的用户数量通常是巨大的，但客单价非常低。

· 应用场景不同

此外，to B 与 to C 业务的应用场景均可以分出多种行业或客户类型，to B 的应用场景主要围绕企业的生产、管理、运营、决策等各个环节；to C 的应用场景主要围绕人们的吃、穿、住、行、娱乐、社交等生活的方方面面。

在具体业务层面，to B 业务多为在企业构建应用系统类、整合平台类产品，通过这些产品与方案，解决企业生产、管理、运营、决策等各个环节的问题，帮助企业提高业务运作效率与决策时效性。看似简单的业务线条，实则在同行业中也会具备不同的应用类型，因为每个客户的业务方式与特性均存在差异。

而 to C 业务场景的整体设计与规划没有 to B 业务那样复杂，无须根据不同行业或不同业务特性的需求量身定制。to C 应用场景以"人"为圆心，主要便利人的生活或满足人的某种精神需求。在移动互联网时代，to C 的产品多以 App 的形态出现，如微信、手机淘宝、美团外卖、抖音等。

· 技术特点不同

从产品的功能复杂度、开发成本、交付周期等角度看，to B 与 to C 的技术难度与壁垒存在较大差异。

简单来讲，to B 客户更看重价值，即服务能够给企业带来多大的增量价值（added value）。由于 to B 行业客户的需求是极其理性、细致的，不同行业客户的需求不同，甚至同类型企业的需求也不尽相同，因而供应商通常需要针对不同企业的业务特性及业务流程进行特殊需求的定制化开发。产品周期方面，由于 to B 产品的功能较为复杂，无论是产品的研发周期还是实施、迭代周期都较为漫长，供应商需要持续进行产品的安装、部署、维护等工作。因此，to B 产品的技术沉淀周期长、认知壁垒高。

不同于 to B 客户，to C 客户更加侧重于用户体验，更多地关注产品／服务的功能与实用性，产品越简单、高效，越容易被用户使用或触达，市场上众多的 to C 产品往往都有一个核心的功能，例如音乐类 App 有听音乐的功能，游戏类 App 的核心功能就是玩游戏。也就是说，to C 产品的功能较为简单，追求的是标准化。产品周期方面，to C 产品对市场占有率要求较高，为了适应市场快速变化的特点，其研发周期短、更新迭代速度快。

· 商业模式不同

另外，to B 与 to C 的盈利模式相差较大，to B 产品通过付费定制获取收益，to C 产品依靠流量进行多元化变现。

简单来说，to B 业务的特点是，付费用户是企业，其决策是理性的，主要为产品或服务本身付费。对 to B 供应商来说，它们不依靠流量经济进行变现，而是将主要精力放在产品研发与生产上，其客单价往往较高，少则数十万元，多达上千万、上亿元。由于单个用户贡献的收入较多，供应商更侧重于服务好优质客户，以持续获得收入，建立标杆案例，逐步开拓市场。

而 to C 业务的特点是，付费用户是个人，其决策是感性的，存在冲动消费。因为 to C 本质上是一个流量的生意，其商业逻辑建立在终端消费者感性消费的基础上，进而衍生出众多利用感性宣传触动消费者的增长模式，以及基于流量运营引入第三方服务，例如广告投入、增值服务、平台合作等。部分 to C 产品的客单价非常低甚至是免费的，如爱奇艺年度会员费约为 200 元。因此，to C 企业除了依靠产品本身赚取收益，还会拓展出多元化的变现方式。

综合来说，to B 与 to C 的业务模式早已有之，只不过在互联网的发展推动下获得了快速发展，尤其是 to C 模式展现了强大的爆发力。早期 to B 产品的供应商一般都是技术含量较高的软硬件厂商，例如应用系统商、软件开发商、系统集成商、中间件平台类厂商等，这些厂商的规模大小不一，不是必须做到巨头级别，而是可以在各自的领域提供相应的产品及解决方案。但 to C 产品的运营商大部分为互联网厂商，例如搜索引擎类厂商、门户网站类厂商、即时通信类厂商、电子商务类厂商等，这些厂商的规模同样大小不一，但一般都处于各细分领域的头部位置，且容易成长为行业巨头。

当然，经营 to B 与 to C 业务的企业之间并不是泾渭分明的，部分企业根据业务拓展的需求，既有 to B 业务，也有 to C 的业务布局，且二者在商业模式上也没有绝对的孰优孰劣。虽然 to B 模式更稳定、现金流更健康，但相比强大的 C 端用户流量与多元变现方式，B 端的变现动力稍显不足。回顾互联网发展史，也有巨头公司做出了伟大的 to C 产品，其伟大在于，一是其影响力足够大以至于优化了整个世界，二是企业基于 to C 产品获得了足够多的价值。比如微软，其早期的业务主要面向的是 B 端客户，但真正推动其业务扩展至全世界的则是 Windows 操作系统这一 to C 产品。再比如，阿里巴巴也布局了诸多 to B 业务（云服务等），但显然淘宝、天猫是其基本盘，虽然电商平台本质上是为卖家提供价值，但是这个价值依然要基于庞大的 C 端用户才能被激活。在双边市场效应中，最终的需求和付费依然来源于 C 端用户。

进入移动互联网下半场，众多以 to C 产品打开市场的互联网公司扎堆去做 to B 业务，也有 to B 业务模式的企业去布局 to C 市场。这源于互联网发展至今已经陷入瓶颈期，C 端流量红利已消退，用户线上时间的增长空间有限，这直接反映在互联网公司的经营增长乏力上。因此，一方面，互联网公司急于寻找新的增长点，为对冲不确定性较大的 to C 业务（C 端用户的想法、行为更加难以被预测），去拓展确定性更大的 to B 业务；另一方面，这些抓住了移动互联网变革带来的机遇而成长起来的巨头，也在寻找下一次技术革命所带来的生产力与生产要素的巨大变革机会。当变革时代到来，to C 的巨大市场机会将被重新释放。

下一次技术革命是什么？何时会到来？现在，我们正在经历下一代技术革命——元宇宙，重大的技术触发要素包括 VR、AR、AI、区块链、Web 3.0 等，人类也正经历着从信息化、数字化到数智化的过程。

在移动互联网时代及之前，无论是 to B 还是 to C，最终的落脚点都是"人"（People），即产品的最终使用者是人，即 to P。以往互联网技术实现的是对现有世界的数字化改造和人的关系的数字化，而这一轮的数智化解决的核心问题之一是人和物／机器的关系，即实现物联网／万物互联，与"物"更相关。因此，为了区别于 to P，我们提出了一个新的概念——to T，指基于物的数智化赋能。

元宇宙的塑造是一个长期的过程，相较于上一轮的移动互联网变革，增加了 AI 生成与驱动的机制。移动互联网时代，交互的内容 / 对象基本上都是由真实的人（软件工程师、创作者等）设计与渲染出来的，但在元宇宙时代，AI 成为元宇宙世界里的一大新增生产要素，将会大量存在于供给、需求的各个环节，数字人、虚拟人等就是 AI 的诸多应用之一。因此，为了区别于真实的人，我们将其他智能交互对象定义为"Things"，它们构成了元宇宙世界的基础设施，本质是由 AI 来进行供给，再作用于人、与人进行交互。因此，to T 的供应商将以"物"为切入口或以"物"的交互脉络为建设的主脉络，去广泛地承接元宇宙的基础设施建设，重塑现实世界中的"物"。

当下，to T 典型的案例是智能家居、智能机器人。特斯拉及其背后的马斯克备受科技圈瞩目，马斯克在科技界的领袖风范堪比智能手机时代的乔布斯。2021 年开始，马斯克对特斯拉的期许越来越多地转移至机器人"擎天柱"身上，并给出了"擎天柱"落地、投产、广泛应用的时间表。2026 年是马斯克指向的人形机器人进入家庭端的节点年份，本质为 AI 的人形机器人或将开启 2027—2029 年的垂类硬件快速发展期。

2022—2023 年以来，AIGC 及人形机器人均取得了全球瞩目的突破，技术突破正在为场景模式的创新加速蓄积力量。ChatGPT 在 2022 年 12 月上线，仅用了 2 个月，其月活跃用户（MAU，简称"月活"）就突破了 1 亿人，成为历史上用户增长速度最快的消费级应用产品。其背后所依赖的 GPT 系列模型也在持续迭代，至今已经正式发布多模态大模型 GPT-4，新增支持视觉输入，且在 AIGC 的创作力及协同性上表现出更惊人的实力。人形机器人方面，在特斯拉 2023 年以来陆续发布的视频中，人形机器人"擎天柱"已经能够在其工厂中连续行走，并能够快速进行物体分拣，甚至能够保持单脚直立、做一点儿瑜伽动作。

衡量一个产品或场景，除了上述技术和模式这两个维度，还可以从人性的维度来分析，即产品分为"顺人性"产品和"逆人性"产品。

《鬼谷子》一书中提到"顺人性做事，逆人性做人"，道出了两条人性的秘密，一是顺着人性成事，二是逆着人性成长。对于人性的探讨，几千年来就从未停止过。目前，互联网产品经理在设计产品的时候，也会从人性的角度去洞察用户的需求与欲望。需求产生欲望，用户需求转化为产品过程中的驱动力就是欲望。

我们尝试借用经典的马斯洛需求层次理论来推敲人有何

种需求，进而探讨人的需求与欲望如何被满足。马斯洛需求层次理论把人的需求分为五个层次，自底部向上分别为生理需求、安全需求、社交需求、尊重需求以及自我实现需求。其中，越是低层次的需求对人的刺激越是强烈，比如生理需求以食色为主，将通过潜意识对人产生深刻的影响。狭义的欲望其实就是身体最直接的反应，即低层次的需求。但是由于人类道德的约束，我们总是将欲望隐藏，逆着人性成长，从而自我实现。

- 顺人性，即顺应用户的需求，更方便、更快捷地满足人类基本的低层次欲望。顺人性产品往往利用人性中本能的欲望来打造产品，以迎合人性。越低层次的需求市场越大，比较典型的就是游戏、长短视频等产品。

- 逆人性，即通过某些手段克制人类某些原始的欲望，目的是满足人类更高层次的需求。典型的逆人性产品主要集中在延迟满足需求的行业，比如教育与健康类的产品；以及有自律管理需求的行业，比如办公管理类的产品。

当下，我们正处于下一代计算平台的技术变革中，以"智能"的真正实现为总纲，技术维度的要素创新目前包括虚拟现实、人机共生 / 协同两个方向，其中虚拟现实本质上是重构时空，人机共生 / 协同本质上是混合平台，二者又分别涉及不同的工程方案。

元宇宙的实现，以虚拟现实为目标。具体的工程方案的探索，严格意义上是尚未定型的（目前仅是基于视觉的技术探索），但目标是实现虚拟现实，即模糊虚拟与现实之间的边界。目前主流的技术路径一是直接以 AR 的技术路径去实现，但现阶段 AR 相关技术均非常不成熟；二是先实现 VR 再迭代至 MR，以 VR 作为过渡（见图 1-4）。布局元宇宙较为激进的巨头 Meta 选择了以 VR 为主的技术路径，同时探索 AR 的发展；苹果已于 2024 年推出首款 MR 头显 Vision Pro。

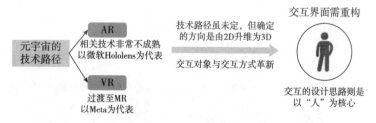

图 1-4　元宇宙的技术路径

混合平台是智能实现的另一条技术路径。如果将人的身体看作"硬件"，智能的实现过程也是新智能交互硬件层出不穷、旧硬件迭代甚至是重塑的过程。因此，未来的智能硬件不仅包括冷冰冰的电子器件本身，还包括人类和电子器件之间非常密切的耦合，即指向人机共生／协同。在这条技术路径上，脑机接口与人形机器人是不同的工程方案，即智能的实现分别以人、机器人为载体。

模式维度的场景创新侧重于运营逻辑，即独特的经营、盈利模式等，可以简单分为 to C 或 to B/G 两个方向，二者在产品与服务落地时均能发挥新增与重塑的作用，不同产品与服务在新增与重塑的作用上权重不同。一般来说，从发展早期到成熟，技术先在 B/G 端落地，精进之后价格下探，才在 C 端落地。如 20 世纪 50 年代左右出现的计算机，其体积庞大、价格昂贵，只应用于军事研究和科学计算领域，到 70 年代，其体积缩小、性能提升、价格大幅下降之后，才逐渐走进办公室和家庭。因此，当下的趋势主要是 to B 先行，规模化生产后再 to C。

基于技术与模式的任何产品与服务，其底层逻辑均是作用于用户的"人性"，"顺人性"与"逆人性"是此消彼长的两大方向。顺人性更多是满足情感需求，逆人性更多是满足利益需求。

第三节
八大场景模型

基于上述分析框架，我们建构了未来元宇宙的八大场景模型。

- 第一大场景：虚拟现实 + to C → 顺人性：娱乐类、社交类的应用、内容、产品等；

- 第二大场景：虚拟现实 + to B/G → 顺人性：办公类、业务类的应用、产品、服务等；

- 第三大场景：人机共生 / 协同 + to C → 顺人性：家庭端的服务型机器人等；

- 第四大场景：人机共生 / 协同 + to B/G → 顺人性：应用于医疗领域的脑机接口等；

- 第五大场景：虚拟现实 + to C → 逆人性：网课、健身应用等；

- 第六大场景：虚拟现实 + to B/G → 逆人性：考勤 / 规范类的

应用、产品、服务等；

- 第七大场景：人机共生 / 协同 + to C → 逆人性：机器人管理员类的应用、产品等；

- 第八大场景：人机共生 / 协同 + to B/G → 逆人性：管理类的应用、产品、服务等。

如果类比于移动互联网时代的各类应用，未来第一大场景数量最多，如 MR 版的"切西瓜""愤怒的小鸟"，即基于 MR 新交互方式所创新的玩法。MR 的全沉浸模式与半沉浸模式可以自由切换，比如采用全沉浸模式的娱乐内容（巨屏观影），采用半沉浸模式的交互体验（解放双手版的"宝可梦 GO"）。

第二大场景可能在数量上不如第一大场景多，但能抢占的用户时长不一定短，如 MR 版的远程会议、远程手术、远程指导等。

第三大场景是当下最瞩目的，人形机器人若能进入 C 端，将替代部分人的职能，对冲劳动力短缺带来的各类问题。

第四大场景是目前最前沿的，在医疗、金融等超大型领域，跳跃式、非线性地攻克重大难点、痛点。当然，这个领域的技术攻克，也将伴随着巨大的伦理、道德争议。

第五大场景适用于很多刚需领域，在这些领域，用户明知该怎样做，但苦于人性的弱点而"知易行难"，如学习教育、健身塑形。刚需领域的需求稳定，若能配合好的商业模式，将能催生出伟大的公司。

第六大场景的实施主体为机构、组织、部门，用于日常管理、规范的同时，也有助于打造更人性化的企业文化，这一场景将成为未来基础设施建设的一部分，成为组织、系统的标配。

第七大场景中，早上起床的闹钟可能被垂类机器人取代，它甚至能将人从被窝里拉起来，这确实会比定 5 个闹钟仍无法起床要高效；日常生活中将不会存在"忘了时间"而迟到的现象，因为垂类机器人会走到身边提醒你，甚至帮你把出门需要的各类小物件都提前准备好。

第八大场景则应用于管理者，比如监督、指导学习与工作。

元宇宙中场景的本质之一是各类新的时空，包括时间与空间两个维度。不同于过往的互联网技术，虚拟现实等相关元宇宙技术重构了时空，元宇宙是 3D、沉浸式、互动式的，增加了更多感官体验维度。元宇宙会真正改变人的时空观，因此，一方面，过往的互联网场景都可以被重塑一遍；另一方面，除了会诞生出新的应用场景，人的时空观的变化也会带来人与"人"、环境等的一系列社会关系的变化。

举例而言，元宇宙中数字分身（separation）与数字化身（avatar）的存在，让人在时空环境中均能加杠杆，工作效率、劳动生产率得以成倍增长，这就是元宇宙可能带来的增量价值。分身与化身不是目的，将杠杆作用于人的创造力、放大这种创造力的效用与效益才是目的。

- 数字分身：给人的时间利用加杠杆。分身的存在实现了对时间的多线并发使用，人的数字分身可以有多个，并在不同情景中进行沉浸式交互，进而实现给人的时间利用加杠杆。数字分身与真身的人在认知水平、能力、表达等方面趋于一致，可以在不同的场景中与环境进行互动。

- 数字化身：给人的空间移动加杠杆。数字人的化身解决了空间问题，应用于有互动需求的场景，如远程虚拟大会。在元宇宙中，用户的身体并不缺席，而是通过技术"拓展"在场，以数字化身感知在场，能够最大限度地接近现实中"面对面"的沟通效果。

理论上场景能覆盖所有的内容、应用、模式，是基于新计算平台未来将催生的各类创新。站在供给方的角度看，供给方根据自身技术禀赋选择一种业务模式，再设计具体的运营细节，最终交付于用户，任何用户场景的供给均能落入前述八大场景模型之中。

事实上，这八大场景中的部分场景已经实现，但仍有待完善与提升，部分场景正在对过往的场景进行重塑，还有部分场景处于未知中，极具想象力。从传统产业角度看，一些传统产业结合新技术之后，会以新的产业形态出现，产业竞争格局也会发生变化。从新产业角度看，新技术不仅是新动能，更是一种新的生产力和生活方式，它通过改变现有产业，催生了很多看似全新的产业。从人类与社会角度看，技术通过改变旧产业、催生新业态，进而改变人们的生活方式和社会结构。

以第一大场景为例，目前已有初级的虚拟现实娱乐类、社交类应用、内容、产品等出现。VR 内容是相对于文字（在线阅读）、声音（音频）、图片（漫画）、视频（长视频/短视频/直播）而言的下一代新内容，目前看会兼具沉浸性、互动性、多感官体验等特征，如 VR 游戏、VR 视频、VR 直播、VR 社交平台等。

电影《头号玩家》（*Ready Player One*）描绘了一个 VR 游

戏场景，玩家通过 VR 及可穿戴设备进入游戏，体验真实互动。通过体感衣，玩家可以感受到身体受攻击的痛感；通过全自动触觉椅，玩家可以获得坠落、飞行等体感；通过多款设备采集玩家信息并实时输出反馈信息，玩家在虚拟空间中的映射感更真实，从而获得身临其境般的体验。2020 年，3A 级别的 VR 游戏《半衰期：爱莉克斯》（*Half-Life Alyx*）火爆全球，对 VR 游戏行业产生了里程碑式意义。

VR 与社交的结合，直接将社交的交互从平面提升到了立体层面。多一个维度所带来的信息量与交互丰富程度是完全不一样的，设备可以更好地采集用户的行为信息，从而给用户带来更加真实、沉浸式的感官体验。

与第一大场景相对应的第五大场景，即逆人性的虚拟现实 to C 产品，目前出现的代表性应用产品为 VR 教育、VR 运动健身。VR 技术已经成为促进教育发展的一种新型手段，VR 虚拟课堂采用三维沉浸式教学，将微观运动、宏观现象、抽象知识等可视化，学生们戴上 VR 头显设备，便可以身临其境地体验海底世界、宇宙运行、与伟人"面对面"对话等。在 VR 运动健身领域，国内 VR 硬件厂商 PICO 大力拓展运动健身生态。除了在 PICO Neo 3 上已有的《多合一运动 VR》《乒乓：制胜 11 分》《Creed：荣耀擂台》《速降阿尔卑斯》等运动健身应用，在 2022 年 9 月的 PICO 4 发布会上，PICO 新推出了自研的《超燃一刻》，集私教课程、节奏音游、瑜伽等多种运动类型于一体；与德国运动达人帕梅拉（Pamela）合作，打造了一系列适合大众用户的塑形计划；发布了可以和 PICO 4 配合使用的体感追踪器，即一款 3DoF（自由度）运动追踪配件。

第二大场景中，与虚拟现实相关的 to B/G 端应用产品，目前来看主要以线上协同办公、医疗、教育、地产、制造业、国防军事等领域的产品为代表，如工业制造领域的 VR 培训中心、军事虚拟仿真训练。工业 VR 培训中心借助虚拟现实技术减少了对物理原型的需求，目前市场上主流的新汽车车型，如奔驰、宝马、比亚迪、吉利等新能源车系的开发，都融合了虚拟现实技术，构筑沉浸式虚拟教学与实操环境的创新课堂，进而减少培训和工程的成本。

在第三大场景和第四大场景中，人机共生 / 协同领域内的应用，在 C 端体现为家庭端的服务型机器人，也可称为人工智能体、人类增强等，这里的服务型机器人具有较高的智能化程度，与现阶段智能化程度较低、工具属性强于计算属性的各类智能音箱 / 家居产品（不具备自我学习能力）存在本质区别，未来的机器人应该是具备自我学习能力的。若以真正的"智能"的实现为目标，典型的起点代表就是特斯拉的人形机器人"擎天柱"，"擎天柱"的特别之处在于具备人工智能的自我学习能力和机器视觉，其代表的是人工智能走向了认知与决策阶段，因而区别于事先设置好程序、不会自我思考的扫地机器人一类产品。

马斯克也给出了"擎天柱"落地、投产、广泛应用的时间表：2022 年出原型机，2023 年出有用的呈现（场景），最快两年能做到小规模应用，此后，机器人应用逐年增长、成本降低、产量规模扩大。

以上所列举的场景案例，只是智能实现路径上的一些初级案例。元宇宙是由移动互联网的 2D 升维成沉浸式、交互式的 3D 虚拟现实，B 端的内容/产品（实物或非实物）的生产或分发、B 端与上下游产业链之间的交流、B 端与分发/流通环节的交易，C 端用户映射入元宇宙中的身份、C 端用户的交流与交易，均需要从基础设施、交互方式、流程、交易方式等方面全面重塑。

AIGC 方面，从 ChatGPT 到 Sora、Kimi，由文生图到文生视频，最新质的生产力已准备就绪；新空间方面，MR 眼镜第一代 Vision Pro 已在北美地区销售。强大的新质生产力与嗷嗷待哺的空间计算平台涌现，一场为期 5 年左右的场景革命正在酝酿并将爆发。

新空间除了 Vision Pro 的计算平台，人形机器人"擎天柱"、Orange 和 Green[①] 等分布式的垂类硬件作为智能体，也将成为场景革命的重要组成部分。

借助于 ChatGPT、Sora、Kimi 等大模型的 AIGC 能力，MR、人形机器人将有能力重构所有空间。当下 PC 互联网、移动互联网的一切业态，其背后的参与者随着 Vision Pro 的代际更新、出货量放大，将开始迁徙至三维的新空间中；人形机器人则借助大模型的 AIGC 能力，重塑现实物理世界，未来现实物理世界的运行逻辑将成为机器语言、机器思维的主场，从而替代当下现实物理世界中的人的思维。

基于此，场景革命并非移动互联网乃至 PC 互联网中的修修补补，而是另起炉灶，借助 AIGC 在新空间中构建新交互、新交换、新交易，伴随而生的则是新内容形态的确立、新生产关系的成形。这一过程也是前沿科技的产业化过程，即在新空间中，用 AIGC 这一新质生产力，生长出新的产业链，不同的产业链互相链接构筑成新生态链，在竞争、合作、博弈过程中，价值链成形。

---

① Orange 和 Green 是迪士尼生产的搭载英伟达芯片的小型机器人。

正因这次的新空间不仅是一个新的虚拟空间，更包括了对现实物理世界的改造，其空间范畴巨大，叠加的 AIGC 是人类历史上堪比蒸汽机替代人力的史诗级跃升，足以酝酿出前所未有的场景革命。

我们所描述的场景革命，首先是三维的，其次是更沉浸的，再次是真实互动的，最后则是远超人类速度的 AIGC 生成范式，故对场景的切割我们用了三个维度——业务模式这一维度是移动互联网时代经典的分类方式，但技术维度、产品底层逻辑的维度是基于场景变革的革命性所新增的两个维度。

八大场景模型中，中美两国未来 5 年的场景爆发部位会有所不同。美国的 to C 场景较为流畅，如 Midjourney、多邻国，to C 场景是美国未来出爆款的"首要关键词"，在此基础上，顺人性、逆人性方向均可；中国则在逆人性的场景中更为流畅，逆人性场景是中国未来出爆款的"首要关键词"，在此基础上，to C 与 to B 的业务模型均可。

在场景升级迭代的过程中蕴藏着巨大的机会，可以从以下两个角度把握。

一是关注新技术对原有产业的颠覆式创新。当下移动互联网所介入现实物理世界中的部分，需要全部重新"被定义"，如购物 App 现在是图文界面，而在沉浸式、交互式的 3D 虚拟现实中，购物场景将从商品展示的方式开始全部被重新定义；当下移动互联网未曾介入的现实物理世界的剩余部分，预计也将有一定的比例进入元宇宙的虚拟世界中。

二是新应用场景孕育出新巨头的概率预计更大。历次工业革命都会有一大批核心产业之外的受益群体，都会按照创新的范式催生新的产业。在历史上，对现有行业的颠覆常常来自外部，我们认为下一代科技巨头将诞生于新的领域，而不是现有领域。这背后的原因在于：（1）对现有科技巨头来说，如果其在自己所擅长的领域已经占据大部分的市场份额，那它很有可能会依靠垄断地位、财力优势（甚至主要不是靠技术）等来巩固市场地位——一个产业里最好的公司难以走出这个产业，因此巨头改造自身产业的动力不足；（2）对用户来说，用户接受一个新技术的依据是这项技术是否有必要，而非是否有可能，比如海内外搜索引擎市场分别被百度、谷歌所垄断，就算有更好用的搜索引擎出现，用户对新搜索引擎的使用欲望也不强烈，因为现有搜索引擎已经够用了。因此，下一个类似微软、腾讯、阿里巴巴的科技巨头必然不会出现在其所擅长的领域。

第二章

场景：时空与节奏

第一节
元宇宙重构时空，场景切割新时空

场景与风景对应。风景是自然存在的，场景则是嵌套在人为设计中的"风景"。"场景"是一个用户体验维度的术语，剖析场景的本质，则需要站在供给方的立场上。供给方提供给用户场景，作用于用户的行为或活动，背后是情景设置与行为设计。情景设置是用户所处时空的设置，行为设计则是在新的时空中，预设用户的行为交替。故场景的本质之一，即在元宇宙构建的新时空中，切割出新时空里的不同面向。场景不是单一的时空画面，一系列场景构建成具有策略意义的序列，用变化的节奏去重复或强化用户体验，进而达到最大限度地抢占用户时长和可支配收入的目的。

场景与内容、应用、模式是新计算平台上将涌现的各类创新。其中，内容最具象，其次是各类应用，模式相对抽象，场景则是宏观层面的切割方法，理论上场景能覆盖所有的内容、应用、模式。内容是相对于文字、声音、图片、视频而言的下一代新内容，目前来看会兼具沉浸式、互动式等特征。应用指服务于用户的各类独立产品，如 PC 时代的新浪、网易，智能手机时代的各类 App。模式侧重于运营逻辑，即独特的经营、盈利模式等。场景则是能抢占用户时长、可支配收入的各类新时空。

基于场景的本质，供给方根据自身技术禀赋选择一种业务模式再设计具体的情节，交付于用户后，用户在其中投放自身时长与可支配收入。任何供给方的供给，均能落入八大场景模型之中。元宇宙重构的时空，是 3D、沉浸式、互动式的，增加了更多感官体验维度；而切割新时空的元宇宙场景，用户置身其中的体验感更为突出，每增强一项，过往的所有场景都可以被重塑。

以 3D 的沉浸感为例，基于 3D 的沉浸感，围绕"在场感"能创造更多的增量场景，且让经历过 2D 互联网 / 移动互联网时代的场景更具有具象的体验感，诸如"偷菜"这样的小动作也会更有现场真实感，进而能抢夺更多用户时长及可支配收入。

PC 互联网时代，人作为用户的社会活动中约有 30% 转移至线上；移动互联网时代，这一比例上升至 50% 甚至更高。但终究有一些社会活动无法转移到线上，或者只能部分转移到线上，比如一年一度的线下书展，人们去参加书展活动，不仅是去浏览最新的各式图书，也是希望能与志同道合的好友一起讨论与分享，甚至是通过人头攒动的展台判断当下的潮流趋势之所在。在元宇宙时代，这一比例将进一步提升，比如沉浸感可以帮助用户更真切地体验书展，甚至通过 3D 世界中的用户聚集情况来判断爆款内容之所在。

书展上一般会配套举办很多专题交流活动，过往的移动互联网时代只能通过腾讯会议、ZOOM 等平台将视觉与听觉数字化，以达到交流所需要的最基本要素；3D 的沉浸感叠加用户之间的互动，如握手、交接话筒、拍肩膀以示鼓励等，能逼近线下社交所需要的一对一交互体验，进一步推高线上消耗时长的比例。

除了沉浸感、互动感，还会增加更多感官体验，如触觉。每一种感官体验的增加，都是一个维度的升级，可以重塑所有过往的网络活动，同时依托新的维度的探索，新增用户体验内容。举两个例子，比如"我"看新闻，看到有位女士说到伤心的事，正要流眼泪，如果有沉浸感、互动感、触觉等维度的加持，"我"可以一改移动互联网时代观众只能作为看客的局限性，去给这位伤心的女士擦擦眼泪；比如一位出差在外的母亲，可以给远方的孩子一个鼓励的拥抱，抚慰他下午竞选失败的沮丧。

PC 与智能手机时代的场景，主要是基于用户想看世界、了解世界的需求，求知欲与看世界的渴望一同迸发。元宇宙时代的场景，则侧重于用户希望自己被看到、表达自己的渴望。

搜狐、新浪、网易、天涯、起点中文网是借助网络去看、去了解世界的经典平台，承载了用户的求知欲与在同质化生活驱动下对看世界的渴望。2004 年，博客浪潮标志着用户开始从"我看"走向"看我"，即我看别人的同时，我也要有所表达，让别人来看我的表达。这一时期，校内网、人人网、微博等主打社交属性的网站迅速崛起。移动互联网时代则以社交媒体为主，如微信、抖音、快手等，但社交内容由文字升级为视频或短视频，且内容由 PGC（专业生产内容）快速转向 UGC（用户生产内容）或 PUGC（专业用户生产内容）。

PGC 是让"我看"的专业内容，有不同的分类方法，最经典的是央视各频道的分类：综合、财经、综艺、中文国际、体育、电影、国防军事、电视剧、纪录、科教、戏曲、社会与法、新闻、少儿、音乐、农业农村等。UGC 则以结果论，能吸引用户关注的内容即为爆款内容，UGC 经过专业软件或技术的配套与升级，即走向 PUGC。移动互联网时代由 PGC 大步走向 UGC，而随着竞争的加剧，UGC 必然升级走向 PUGC。元宇宙时代，因内容形态标配为 3D 视频内容且有沉浸式与互动式的需求，所以进入门槛即为 PUGC。

"看我"的需求也塑造了各大平台的品牌主张。快手的品牌主张由"看见每一种生活"升级为"拥抱每一种生活"，重心仍然是平凡如你我的"每一种生活"；表达、抒情不该只是诗人们的权利，快手给予"沉默的大多数"表达和被看见的机会，同样意义非凡。从业务模式上，快手作为一个观察者与记录者，为每一位个体创造并提供了一个被看到、被热爱的领域。"记录美好生活"一直是抖音的宣传语，这意味着让每一个人看见并连接更大的世界，鼓励表达、沟通和记录，激发创造，丰富人们的精神世界，让现实生活更加美好。愿景美好、操作简单使这款社交软件瞬间引爆年轻人的生活，越来越多的各类用户在平台上畅所欲言，记录生活。小红书以"标记我的生活"为口号，倡导年轻人在这里发现真实、向上、多元的世界，找到潮流的生活方式，认识有趣的明星、创作者。

快手、抖音、小红书等品牌主张满足用户的分享欲。分享欲就是迫不及待地把自己拥有的东西或对事物的感受与别人分享，比如分享美食、美景、图片、电影、旅行等。人是社会动物，分享是一种本能或潜意识，因为我们的祖先就是通过分享劳动成果和劳动经验来提高生产效能和整体的生存率。此外，分享的特殊体验性在于，分享快乐则快乐会多一倍，分享痛苦则痛苦会少一半，谁都希望自己的快乐多一些，痛苦少一些。分享是一种利他行为，也是一种高级社会情感的满足。心理学研究表明，利他行为是人天生就有的，同时受到后天文化的塑造，分享或者说利他会使人在社会中与他人形成"我们"的心理联盟，满足人们被认同、有归属的社会情感需求。

我们发现，从"我看"到"看我"，"滤镜效应"与"镜头效应"正在影响用户的生活，这一影响在数智时代会更加凸显。滤镜效应主要指照片或视频内容中的自己，是经过美颜滤镜加持后的形象；镜头效应主要指用户行为仿佛置身于镜头里，自带一定的表演成分。滤镜效应与镜头效应，都是指经过移动互联网各类应用的"调教"后，部分用户已经养成了特定的行为习惯。

"滤镜"原本就是一种摄影器材，摄影师将其安装在单反相机镜头前面来改变照片的拍摄方式，以便影响色彩或产生特殊的拍摄效果。Photoshop 等软件自带的滤镜是一种插件模块，它们能够操纵图像中的像素。位图（如照片、图像素材等）是由像素构成的，每一个像素都有自己的位置和颜色值，滤镜就是通过改变像素的位置或颜色来生成特效。滤镜分为内置滤镜和外挂滤镜两大类。内置滤镜是 Photoshop 自身提供的各种滤镜，外挂滤镜则是由其他厂商开发的滤镜，它们需要安装在 Photoshop 中才能使用。在滤镜菜单中，滤镜库、Camera Raw 滤镜、镜头校正、液化和消失点等是特殊滤镜，被单独列出；其他滤镜都依据其主要功能被放置在不同类别的滤镜组中。如果安装了外挂滤镜，它们会出现在滤镜菜单底部。在软件应用中，滤镜一般是与美颜并列的功能。滤镜一般是针对整张照片进行曝光度、饱和度、色调、白平衡等参数的修改，将照片风格化；美颜一般是针对人像照片进行的修改，包括磨皮、美白、祛斑等"神奇"操作。"自从有了美颜相机，人人都活在泡沫里。"当滤镜从用户的专业技术行为变成一种日常修图方式，它越来越能代表用户的心态；它远离真相却更靠近内心，放大了美好而巧妙遮蔽了遗憾之处。

在人脸识别等技术加持下，滤镜的玩法更加多样。早期的手机自拍并不能实时加持美颜效果，需要拍摄后再利用软件应用进行后期处理，随着手机算力特别是图像信号处理（ISP）能力的增强，即拍即得的美颜成为可能；随着人脸识别技术的进步，美颜滤镜也早已不是简单的美白、磨皮。在人脸识别算法的加持下，美颜滤镜的磨皮和美白非但不会溢出人脸轮廓，而且能对五官准确识别，实现美瞳、瘦脸、隆鼻等细节的精准修形。人脸识别技术在摄影上的应用也有高下之分，随着人工智能的进步，以及景深摄像头等更先进硬件的运用，人脸识别技术还将不断提高，为创造更强大的美颜滤镜打下基础。

美颜滤镜，"滤"的不仅仅是"人"，在人工智能算法的加持下，自拍能够随时随地置换背景已不是梦。在一般情况下，要把背景换成其他画面，就得先把人"抠"出来。为了方便抠图，会用到蓝幕、绿幕等背景。谷歌开发的一项名为卷积神经网络（CNN）的技术是一种机器学习算法，能够轻松地从杂乱的背景中把人像"抠"出来，然后置换成其他背景，效果非常自然。

镜头效应指人们在镜头前总会尽力表现自己最好的一面。如果将用户的行为置于很多观众的目光之下，一束束关注的目光如同一个个镜头，用户在这些镜头前会竭力表现自己的优点或想突出的特点。

滤镜效应与镜头效应，均是用户在移动互联网的"驯化"下，自觉将自己的行为与产生内容、吸引关注、收集点赞数挂钩而形成的新时代的"本能反应"。它们代表着从 UGC 时代到 PUGC 时代的进阶，各平台上的内容品质整体提升，进入门槛也随之提高。

数智时代的场景，即在移动互联网时代的 UGC 到 PUGC 的基础上，增加更多的技术或软件加持，从用户实操角度看，门槛会有一定提高，对用户有一定的技术操作要求；从用户提交内容角度看，内容品质会进一步提升，在 AIGC 的加持下，各类场景将层出不穷、精彩纷呈。

中国在场景这一层面极具竞争力。关于中国的 PC 互联网与移动互联网的创新之处，历来有一定的争议，相对于技术创新，应用创新难以用专利等外部要素来界定，而是应用于实践看最终能否达成效果。故在 PC 互联网时代，中国的应用创新更多是模仿海外的应用，在中国庞大的人口市场上创造中国版的成功，如百度、淘宝、腾讯等；在移动互联网时代，在 PC 互联网时代的基础上，中国出现了真正的自我创新。海外的移动互联网基于流量进行变现主要是通过广告这一种形式，中国的创新之处则在于广告之外的游戏、电商等变现方式迅速成形，且三种变现方式之间也有融合——如买量发行的游戏是广告与游戏的结合，直播电商是广告与电商的结合。

中国的移动互联网，在 2008 年"4 万亿计划"的推动下，外溢的资本催生了经济繁荣的 10 年；互联网携人口、时长、转化率的红利，在资本、政策、人才的加持下，2014 年开始过热，2017 年见顶，2019 年双顶。其间，最大的参数即移动用户数 $S=(p \times t \times c)^R$。

中国移动互联网与海外移动浪潮基本同步：2008 年苹果推出的 App Store，2011 年中国兴起的团购，2012 年的自媒体，2013 年的大数据，2014 年的互联网金融，2015 年的 O2O，2016 年的直播、新零售，2017 年的共享经济，2018 年的短视频、区块链，2019 年的人工智能。

2018 年起，全球范围内都兴起了强监管，中国在影视、游戏方面先后开始出台规范；美国 2019 年启动了对脸书、谷歌、苹果、亚马逊等平台巨头的反垄断调查；2020 年欧盟委员会也开始进行反垄断调查。2018 年是全球移动互联网与中国移动互联网的高点。

中国在场景方向上的繁荣——与海外同步且有真正的创新之处，主要是基于中国庞大的人口基数。人口基数看似简单，实则能支撑众多新业态长达数年的量价齐升。如在影视行业，单集电视剧的版权售价从 2006 年的 1 000 多元攀升至

2011 年的 35 万元（《宫》）；从 2012 年的 185 万元（《宫锁珠帘》）大幅飙升至 2015 年的 500 万元（《芈月传》）、2017 年的 1 000 万元（《孤芳不自赏》）、2018 年的 1 100 万元（《凉生我们可不可以不勇敢》）。用户数的增长态势也是衡量一个细分行业是否见顶的标志，如游戏用户数由 2011 年的 3.24 亿人攀升至 2020 年的 6.64 亿人（这一数据是顶点）；ARPU 值由 2012 年的 150 元提升至 2017—2019 年的 350 元。

元宇宙时代，中国依靠移动互联网时代的应用创新惯性，预计在场景方向的创新将领先全球。2018 年全球移动互联网红利见顶后，中国的游戏行业开始大规模出海，在全球范围内争夺用户，且中国的直播电商模式也开始走向全球市场，背后即中国在移动互联网时代的创新实力及全球影响力。

此外，场景一定会极具区域化特色，中国的创新意义更多还是在消费升级领域。在数据和数字领域，叠加制度、创新和发展的红利，中美两国在全球产业链中的分工不同——美国考虑的是未来、人类、跳跃，中国关注的则是现实、区域、升级，即全球化开放式和区域类封闭式。

场景不仅是功能性的一种划分方式，其重要性远远超出大众的认知。场景与内容、应用、模式一样，都是一种竭尽全力的尝试，希望根据时代正在发生的变化，找出新的见解、价值和意义。这些铺垫通过创造一个场景作为载体，向一个越来越不可知的世界表达供给方的解读。场景不仅是一个功能或工具，它的作用更是用情节去"侵入"用户的思想和情感。这里涉及的技术有高下之分，如果要在体验好但技术水平低和体验差但技术水平高之间进行选择，用户总是会选择体验好的场景，故场景会非常考验完成度。场景的产业价值是给用户带来特定的价值——情绪价值或利益价值，让用户愿意去体验并有相应的收获。

元宇宙中的场景与现实物理世界中的生活是不一样的，场景是生活的比喻，不管在哪一代计算平台都如此。现实生活的一端是纯粹的事实，另一端是纯粹的想象，这两端之间存在一个变幻无穷的"光谱"，所有模型各异的场景便游离于这光谱之间，即游离于纯粹的事实与纯粹的想象之间。但在元宇宙时代，因升维至 3D、增加触觉等更具沉浸感的感官体验，不大可能再用解释性或情感性语言来粉饰逻辑裂缝，动机模糊、情感无端的实操空间会被急剧压缩，即场景的构建难度会明显升级。

场景的历史，也是一部从兴起到流行的反复复兴史。建立在移动互联网时代的场景，作为传统的潮流与主流会被元宇宙时代的主流先锋派砸碎，随着时间的推移，元宇宙时代的先锋派又变成新的传统、主流，之后会有一个新的先锋派利用其"祖父"的武器来攻击这个新的传统。先锋派的存在是为了反对大众化与商业化，等到它们也变得大众化和商业化之后，便回反过头来攻击自己。一代一代的场景，都是如此反复的历史。

场景遵循商业原则，不能只是供给方的自我陶醉或孤芳自赏，其最终的产业价值与实际意义是供给用户一个他们不曾了解的新世界，让用户拓展世界观，去体验异域之情、离奇之叹，同时又能重新发现自己，设身处地地体验一份初看起来似乎不同于自己的内心，但又和自己的内心息息相通的感觉；让用户体验一个虽然是虚构的，但能照亮生活、抚慰情绪的时空。元宇宙时代的场景，其价值的提升与移动互联网时代一样，在于以焕然一新的试验性方式去运用思想、宣泄情感、学习、互动，以深化、升华。用户体验场景的意义，以及与体验相伴而生的强烈的情感刺激，随着意义的加深而被带入一种情感的极度满足中；一个场景借着另一个场景去打动用户，在潜移默化中改变用户的时空观——"80后"的社交是"笔友"，"90后"的社交是"QQ好友"，"00后"的社交是"微信好友"，"10后"的社交或许是"元宇宙好友"——一代一代的人被不同的计算平台塑造了不同的社交时空观。

第二节
时间征服空间，空间改变思维

时间与空间从场景这一产品角度看，其维度与作用是有差异的。从时间与空间本身来看，空间是三维的，且每个维度上有两个对称的方向，上下、左右、前后；而时间只有一个维度，在方向上体现为过去、现在、未来。著名物理学家艾萨克·牛顿（Isaac Newton）认为，时间和空间这两个不同的维度搭建起了一个舞台，世界上所有的事物或存在都在这个舞台上出现，而舞台本身是绝对的，并不发生任何的变化。

古人说的宇宙、世界就是现代人所讲的时空。《淮南子》中提道："上下四方谓之宇，往古来今谓之宙。"宇，即上下四方的空间；宙，即过去、未来的时间。《楞严经》云："世为迁流，界为方位。"即在时间上有过去、现在、未来三世之迁流，在空间上有东西南北、上下十方之场所。

近代科学中，时间是用来描述变化的计量，没有变化就没有时间；时间的发明和存在，就是为了记录或是描述某种变化，时间的基础单位是秒；是变化产生了时间，而不是时间导致了变化，变化是物理客观，时间是人为定义。空间的本质，则是因为有了物质，物质变化的呈现就是空间，比如长宽高、位置差、大小、方向等，都是随着物质变化所展现出来的结构属性。

从中国传统文化的角度，中国人认为自然与自身的关系是内外全盘融合，内心的情绪和外在可见的环境变化密不可分。时间和空间也不是绝对二分的——时间的变化随自然空间内事物的变化而显现。于是，时间、空间与人的个体生命，三者结合为息息相关的整体。[①]

从实际意义上，时间与空间都是源于物质的变化，于是时间与空间（通过物质变化）一起构成了紧密联系、不可分割的时空，并且时空与物质就像是一个统一的整体，是一个共同的本质所呈现的不同表象。从某种角度来看，距离即时间，因为需要"物质变化"才能穿越距离，而距离又是空间的属性，所以——空间就是一种时间。

元宇宙时代的场景，就是元宇宙所构建的新的时空体验，

---

① 许倬云. 中国文化的精神［M］. 北京：九州出版社，2018：29.

包括时间与空间两个维度，但从历史发展与人的体验角度，趋势上已经实现了时间征服空间。而科技的发展又极大加持了人的时空体验感，电话不只是通信技术，从电话发明开始，人类历史上第一次实现了哲学意义上的"即刻的灵肉分离"。通信技术可以即刻到达的地方，空间问题就不再是困扰交流的主要障碍，从构建场景的角度看，空间可以弹性十足，既可以折叠又可以反向折叠。

空间上的折叠与反向折叠可以改变人与人之间的关系，最终改变人的思维。

技术，可以改变既有空间的属性，让空间根据需求进行改造，由此改变人与人之间的关系。比如办公室这一空间主要是用来工作，但上班之余，也可以与孩子的班主任沟通，也可以在网上购物，也能与海外的亲戚打电话，由此，办公室这一空间在工作属性之外，被加上了亲子属性、娱乐属性和消费属性。网络让我们可以更轻松地生活在别处，而过往的工作空间、生活空间、消费空间、娱乐空间都是割裂且分离的，人们很难同时处理几项事情，即过往的生活与工作空间不具备同一性，除非在物理上、空间上将二者连在一起。人类进入网络时代以来，生活空间的界限开始变得不清晰，任何一个地方都可以成为会议室。公共场所里聚集了太多人在共享空间，做着以前必须在相对私人的空间里完成的活动：打电话，谈生意，看电视节目……这实际上也反过来影响了现实生活中的空间设计，如科技公司倾向于将工作场所装饰得温馨、有生活气息；家庭装修倾向于将客厅装修成大书房，以满足家庭成员共享空间的更多需求。

空间感的变化也会影响人与人之间的关系，有时候看似很近但实际上变得很远，有时候看似很远但实际上又非常近，这模糊了空间距离的真实意义。空间关系也会带来社会关系的变化，比如以前小镇上生意最好的门店是地理位置最优越的一户，但在网络时代，生意最好的门店反而是地理位置一般但货优价廉的一家。新的空间关系定型了，社会关系也会改变，社会地位也会出现新的衡量标准……我们就是这样，被一点点改变。

空间不再是障碍，弹性十足的空间极大地解放了生产力、释放了活力，但也带来了深刻的社会问题。

其一，需要空间的众多领域，其生存及生产土壤硬化。如基于想象的创作是需要空间障碍的，一个音乐人想要进行创造，就必须超越嘈杂的现实，他的精神层面必须不愿意和现实对话，才能建立起自己的世界。空间障碍的消除不利于创作环节的施展。

其二，社会关系的秩序在重新确立。人越来越原子化、个体化，人和人的关系会变得比较松散；但是同时，意义系统极度集中化，我不太信任你，但我们都信任阿里巴巴的支付体系，对抽象系统高度信任。因为假如不信任，就不可能享受这种便利，而对具体的人和人叠加出来的信任会慢慢消失。同时，那些最原生的社会关系会本质化，家庭关系又重新被认为是一个很重要的事，生物学的关系又变得越来越重要了。

场景是构建新的时空，空间是场景构建过程中最容易实现感官体验强烈对比的一个维度，它带来了巨大的应用弹性，也随之带来了一些社会问题，改变了人与人之间的关系、人的思维结构；时间则是另一个维度，亦是场景的另一个本质之所在。

第三节
节奏：相对的时间感

基于抢占用户时长、可支配收入的考量，场景一定是有自身独特节奏的。节奏是一种基于体验的抽象概念，具体而言，就是作用于人的时空观——折叠空间（也包括反向折叠）、给时间加杠杆（也包括去杠杆）。因前述，时间在趋势上征服空间，故节奏感主要是作用于时间维度的体验感。

节奏是一个抽象概念。节奏是各类内容创作的内核，如语言类的戏剧，玩的就是语言节奏，几百年下来，一个老段子的语言节奏大家都还在痴迷，就证明人们还没有把它研究透，或者说它还有魅力。几代人研究的就是语言节奏在各种场合的应用；语言节奏不是拿尺子量出来的，而是讲究耳濡目染，所以节奏感并非一个科学参数。优秀的演员会有过人的节奏感，知道演戏、讲话到哪个点就该停下来让观众喘口气；优秀的歌手也擅长找唱歌的节奏；这个节奏和模式也可以对应到谈话类的节目内容里面。

场景为何会以节奏作为其本质的一部分？元宇宙的场景，其标配为视听逻辑的视频形态，且将兼具沉浸式与互动式的特点，在技术形态上比移动互联网时代的长短视频要高级。长短视频作为内容，是创作与创意的完成形态，制作的过程有一个合乎故事情节的节奏，以期达到最具吸引力的效果。前文提到时间在趋势上征服空间，故场景中的节奏，本质是相对的时间感。工业时代以来，时间变得越来越抽象，而钟表的行程非常明确。这时，不是靠人的行为来描述时间，而是反过来通过机械化的标准时间来规范人的行为，资本运行都是靠时间来计算的，空间似乎变得不太重要（空间被时间所征服）。

工业革命以来，全社会范围内趋向于快节奏，技术进步则服务于这一趋势的演进。

节奏是一种变化的结果，快节奏总体上符合人的追求。什么是快节奏？它是指自工业革命以来，人们的工作和生活被抛入一个不确定的生存状态，随着高压力、高强度的现代社会的到来，我们为了不落人后和生存立足，被迫促使自己增强时间观念、提高办事效率、增强竞争能力。

快节奏可以让我们更快地拥有原始积累，突破先天壁垒，从而进行自我选择。快节奏生活让我们更有效率地获得更多，掌握更多能力以逃脱社会的规则。快节奏生活有更高的容错率和更多的选择机会，面对同样的风险，因为生活节奏快，有些人见过、经历过的更多，所以抵御风险的能力也会相应提升。

总体上看，快节奏生活是指用最快的速度完成最多的事情，快节奏本来就是为了更大程度地完成自我实现而做出的选择。人是社会性的动物，而社会生活就会把人的欲望一个接一个地发掘出来。随着社会的发展，人的欲望也就越来越多，越来越难以得到满足。是欲望的多少决定了节奏的快慢，而不是节奏的快慢决定了欲望的多少。

时间维度上的快节奏，走向极致则为"即刻"。网络时代的现代社交，时间不再是线性的，而是变得比较碎片化，我们的时间感非常强烈，但这种时间感和工业时代那种线性的、单向的时间感不一样，现在的时间感追求的是一种即时性，比如一个即刻、平滑、无摩擦的交易。随着技术越来越发达，5G网络建立后，交易摩擦时间会越来越短，对即时性的要求会越来越高。即时性的极致就是"即刻"，即刻的兴起是一个巨大的力量——一切都没有距离了，变得即刻可得。元宇宙时代的场景构建，会有大量的构建逻辑是基于"即刻"的逻辑。[①]

即刻的兴起消解了"空间"的体验感，但随之而来的是非常深刻的副作用——人被即刻裹挟了，很舒服地被裹挟了，也不再去思考和附近的人的关系，因为它已经变成一种非常规的、即刻性的关系。在这种被即刻性、方便性所裹挟的趋势下，人的反思能力下降，道德会变得非常情绪化、极端化。一些遥远的道德问题变得高度情绪化，好像道德上被伤害了，

---

① 许知远. 十三邀［M］. 桂林：广西师范大学出版社，2020：277.

但这种情绪也很快会下去。①

从元宇宙时代的场景构建角度看，有一类确定的新增场景，就是构建在对冲"即刻性"的裹挟感上的——基于构建"附近"的诸多场景。能对冲即刻性的裹挟的，是重新关注"附近"，附近是存在的，只是被我们忽视了，没有看到。"附近"不是天然给予的，是被构建出来的，要通过人有意识地参与而构建。元宇宙时代，基于 3D、沉浸、互动的新增技术维度，"附近"有技术条件被广泛构建出来，对冲移动互联网时代似乎走向了极端的"即刻"需求。这也是元宇宙时代所构建的新场景中，确定性的增量部分。

---

① 许知远.十三邀［M］.桂林：广西师范大学出版社，2020：278.

第三章

场景：从异见、洞见到潮流、主流

对于创新的态度，以及对"另类投资"的宽容来自早期互联网的一些基因，即它真正迷人的地方是异见、偏见、极少数人的洞见，是非常规、突变，是伦理之争，是社会学，是不起眼但习以为常的广域，是越垄断越反抗。

本章我们选取了三处"场景"予以解读，分别是电商、短视频以及二次元文化。电商的背面是传统商务，短视频的平行面是长、中视频，二次元文化的切面则是主流文化，三者均经历了从少数走向多数、从另类迈向主流的过程，并在此过程中迸发出巨大的商业价值与文化意义。之所以选择这三个场景作为着眼点，是因为这三者都是商业利益和文化属性的有机结合体，从电商到短视频再到二次元文化，其在时、空两个维度的浸润程度依次加深。电商为"点"，短视频为"线"，二次元文化为"面"，点、线、面三位一体，恰好能够立体地勾勒出历代的场景是如何由异见、偏见、极少数的洞见走向潮流与主流的。

第一节
电商：越垄断越反抗，狭路相逢智者胜

中国电商的发展史，本身就是一部中国互联网的崛起史，中国互联网巨头 BBATJ（百度、字节跳动、阿里巴巴、腾讯、京东）中，有两家（阿里巴巴和京东）以电商业务为立身之本，两家（百度和腾讯）曾经试水过电商业务，而以短视频起家的新秀字节跳动也在大力发展直播电商。

同时，"创新"和"反垄断"两大关键词贯穿于中国电商产业发展的始终。创新，尤其是颠覆式创新，是反垄断的利器，造就了早期中国互联网的百花齐放；而反垄断，是互联网早期的精神图腾之一（尽管屠龙少年最终成了恶龙），迭起的新秀总能依托商业模式或底层架构的创新突出重围。

尽管中国电商行业现有的竞争格局是阿里巴巴、京东、拼多多三家高度垄断，但在这一格局形成并真正稳固之前，可以说"江山代有才人出"。中国电商行业起源于 1999 年，易趣网将美国易贝（eBay）的 C2C 模式引入中国，其真正的高速发展出现在 2000 年互联网泡沫破灭之后。2003 年，"非典"的蔓延冲击了线下实体经济，也为线上电子商务带来了发展契机，这一年，淘宝等电商平台被倒逼着探索新的发展路径。2009 年，淘宝已成为中国最大的综合卖场，全年交易额达到 2 083 亿元。2010 年，京东得到高瓴资本的巨额投资，投入自建物流网络，将"京东物流"与"正品保证"植入用户心智。2016 年，拼多多异军突起，在传统电商流量见顶之时，依靠社交裂变收割新流量，主打农村电商与下沉市场，在淘宝、京东的垄断之下撕开一道口子。2020 年以来，电商的新形态——直播电商爆发式增长，淘宝、抖音、快手三家凭借流量优势快速切入并站稳脚跟……

中国电子商务的发展与前行永远与创新相伴，后浪也永远在追击前浪。头部玩家不断变换，从易趣网、拍拍网、淘宝网"三分天下"，到京东、淘宝"分庭抗礼"，到拼多多"突出重围"，再到抖音、快手入局直播电商分去一大块"蛋糕"。无论电商场景如何变换，从购物网站到聚合式 App，从微信小程序到抖音、快手直播间，用户总会选择体验效果好的场景。

一、淘宝网用"免费策略"战胜 eBay

　　国内最早的电子商务起源于复制美国 eBay 模式到中国的易趣网。1999 年 8 月，毕业于哈佛商学院的邵亦波和谭海音在上海成立了易趣网，把美国 eBay 的 C2C 模式引入中国。2000 年 5 月，易趣网与新浪结成战略联盟，并购了 5 291 手机直销网，开展网上手机销售，并将该业务打造成了易趣特色之一。易趣在发展初期就受到各方资本青睐，加之乘上了国内互联网高速发展的东风，易趣的用户规模与交易额均迅速提升，发展成国内最大的在线交易社区。在国内电商行业，易趣的各项指标在相当长一段时间内排名榜首，呈现一家独大的局面。

　　转折点发生在 2003 年 6 月，eBay 以 1.5 亿美元的价格收购易趣，易趣也更名为 eBay 易趣。最终的结果表明，资本的介入并没能帮助易趣加速成长，美国公司 eBay 主导下的易趣缺乏对中国本土市场的深入研究，未能及时迎合本土市场的需要，用户持续流失，市场份额也逐步被蚕食，电商竞争中取得最后胜利的是更懂中国用户的淘宝网。

　　战略优先于一切，淘宝网战略层面的制胜关键是"免费策略"。在线拍卖网站的收费方式主要是三种模式：第一种是商品成交以后收取 2% 左右的服务费，不成交不收费；第二种是在线上传的商品都涉及 0.1 元到 8 元不等的登录费；第三种是置顶的推广费用。

- eBay 易趣：收取商品登录费，以商品最低成交价为计费基数。在每次交易成功之后，收取相应佣金，也就是交易服务费，按每件商品在网上成交金额的 0.25% 到 2% 收取，如果未实际成交则不收取。易趣用户必须实名注册，通过实名认证后，不但有"奖状"作为标记，还能得到一颗星。交易后双方互做信用评价，信用评价由评价类型（好 / 中 / 差）和评论内容组成，用户得到的所有评价构成用户的信用记录。认真如实的评价可以为其他用户提供参照，当然，评价方同样可以从他人提供的评价里获益。

- 淘宝：实行 3 年免费政策，淘宝认为，中国互联网用户正在经历从网民到网友再到网商的历史转折时期，互联网用户已经表现出通过网上交易为自己创造真实价值的强烈愿望。只有让用户真正在网上交易中获得利益，才能培养更多、更忠实的网络交易者。国内个人网上交易的成交额仅为十几亿元，尚处于萌芽状态。在这一阶段，建设和推动这个市场才是至关重要的。免费，降低了中国网民、网友、网商上网进行个人交易的门槛，是保护网上交易双方利益的措施，也是体现公平竞争原则的现实选择。

eBay 易趣坚持收费模式，而淘宝选择免费模式，显然免费模式更符合中国商家与用户的核心诉求，淘宝的战略被逐步验证是优于 eBay 易趣的。战略是一切竞争的起点，因此，尽管后续 eBay 易趣在战术层面对淘宝围追堵截，也难转败局。

淘宝网在战术层面同样勤奋，站在用户角度尽可能地完善本地化与人性化服务。第一，淘宝网创造性地推出"支付宝"，将网络交易的危险性降到最低，还与中国工商银行、招商银行等进行全方位的合作，积极完善个人网上交易支付平台。"支付宝"功能的出现，最大限度地迎合了卖家及消费者的强烈诉求，即共同建造诚信的网上交易环境，使买家敢于尝试网上购物，卖家能取信于客户。第二，推出"淘宝旺旺"这一即时通信软件，极大限度地方便了买卖家之间的联系。与之相对应地，eBay 易趣提供给用户的交流软件是"易趣助理"，但"易趣助理"与"淘宝旺旺"是截然不同的两款软件，"易趣助理"的功能是为卖家提供更方便的上货服务，而"淘宝旺旺"则将其功能聚焦在即时交流。第三，淘宝网的功能更加完善，用户界面也更加友善；eBay 易趣的网站界面是英文翻版，极不符合中国人的浏览习惯，无形中提高了用户门槛。此外，eBay 易趣还将服务器搬到了美国，导致访问速度缓慢，用户体验感进一步变差。

场景的产业价值，是值得去做且用户愿意去体验的。淘宝网能够击败具有先发优势的易趣网，本质上还是因为它能站在用户角度，在 C2C 电子商务场景下将用户体验做到了极致；易趣则忽视了用户实际的体验感，导致早期积累的用户快速流失。据中国互联网络信息中心（CNNIC）发布的《2006 年中国 C2C 网上购物调查报告》，截至 2006 年 3 月，北京、上海和广州三个城市共有 C2C 网上购物消费者 200 万人，淘宝网成为用户首选购物网站。根据购物人数与购物频度计算的 2005 年度中国 C2C 购物网站的三城市用户市场份额，淘宝网占 67.3%，eBay 易趣占 29.1%。淘宝超越易趣，一举成为中国电商行业"领头羊"。

二、京东用"自建物流网络"构筑宽广护城河

如果说淘宝网是凭借"免费策略"打开局面，那么如今与之齐名的京东则是凭借"自建物流"突出重围。在中国互

联网发展早期，备受青睐的是轻资产模式的互联网平台，而京东选择自建物流的重资产模式是逆行业趋势而行，风险大、投入大，最初并不被资本看好。

京东最初想到要自建仓储和物流，出发点同样是希望为用户提供更好的网络购物体验。2004年，"非典"疫情好转后，京东的线下业务大幅萎缩，而线上订单量持续增长，京东自此正式将业务重心转向电商，放弃线下连锁门店而专攻网上零售。2007年，"京东多媒体网"正式更名为"京东商城"。京东向电商转型后的初期产品品类主要集中于3C数码与家电产品，网站流量逐步壮大后又增加了日用百货品类。2008年，京东商城的销售额达到13亿元，超越当当网、亚马逊，成为中国最大的自主式B2C网站。但随着订单的迅猛增长，第三方物流的弊端开始显现，运送延误、服务态度差、暴力运输致商品损坏等问题层出不穷，这使得京东坚定了做自建物流的决心。

自建仓配物流的重资产模式意味着大量的前期资金投入，这一战略一经提出就受到京东内外的反对。2007年，刘强东力排众议坚持自建物流，并提出"211标准"，即当日上午11：00前提交的现货订单，当日送达；晚上11：00前提交的现货订单，次日15：00前送达。根据刘强东的估算，自建物流初步覆盖全国大概需要 10 亿美元，而当时京东账上的融资只有 1 000 万美元。根据今日资本徐新的估算，在一个新的城市投资仓配一体的物流，日单量要达到 2 000 单才能盈亏平衡；要达到 2 000 单的业绩，大城市可能需要 9 个月，小城市可能需要长达两年的时间。但京东仍然孤注一掷将第一轮融资的 1 000 万美元有条不紊地投入了供应链与自建物流网络，钱很快花完，第二轮融资迫在眉睫。

第二轮融资的时间节点又迎面撞上了 2008 年的金融危机，无形中增加了京东融资的困难。雷曼兄弟破产，华尔街的恐惧蔓延到国内，京东的估值跳水式下降，从 2 亿美元降到 1.5 亿美元、1.2 亿美元、1 亿美元、8 000 万美元、6 500 万美元、4 500 万美元，最后降到 3 000 万美元。当时的京东饱受质疑，首先是经营模式与淘宝的轻资产模式相比看不出优越性，其次是成本端、渠道端与苏宁、国美相比也不占优势，更重要的是自建仓配物流还需要大量的投入，在相当长一段时间内看不到盈利的希望。在最艰难的时候，京东向今日资本申请了四五次过桥贷款以解燃眉之急。京东存亡之际，刘强东自建物流的理念得到了百富勤投资的梁伯韬、雄牛资本的李绪富的认可，终于完成第二轮 2 100 万美元的融资，其中雄牛资本领投 1 200 万美元，今日资本跟投 800 万美元，梁伯韬以个人名义投资 100 万美元。

京东继续有条不紊地投入仓储与物流，京东"次日达"与"只卖正品"的形象逐渐植入用户心智，最直接的成绩单就是年销售额屡创新高。2008—2012 年，京东的年销售额分别为 13.2 亿元、40 亿元、102 亿元、210 亿元、600 亿元，实现了连续翻倍式的增长。京东的重资产模式终于受到广泛认可，老虎基金、高瓴资本、红杉资本、DST、腾讯等相继注入资金，为京东的后续发展补足燃料。2013 年，京东交易额突破 1 000 亿元，正式坐上中国 B2C 零售的第二把交椅。2017年，京东物流独立运营，京东商城逆袭苏宁，成为国内最大的家电零售商。

对比淘宝、京东两大头部电商平台，淘宝以开放平台取胜，京东则以物流体系突围。淘宝作为先发者，采用的是开放平台的模式，为买卖双方提供在线交易的机会。淘宝并不参与商品的实际销售和服务，商品的销售及服务均由淘宝卖家直接负责，这大大降低了商场的配送和服务售后成本，因此淘宝在盈利与现金流方面占有绝对优势。淘宝通过扩建平台招商扩资，进一步扩大规模、构建平台价值。京东走的是另一条完全不同的路径——价值链整合模式，主要是以产品的流向管理作为核心，以现金流管理作为支持，以资金流管理整合资源，从而实现长期边际收益。京东自营电商采用自买自卖的模式赚取商品差价，早期通过"低价卖正品"的低收益模式做大规模，收入增速快但收益率较低。从物流体系看，京东和淘宝采用了完全不同的物流配送模式。京东采用的是分布式库存管理，将供应商的库存汇集到各个区域，订单产生之后随即进行配送；而淘宝采用的是集约式库存管理，更加依赖于第三方物流平台，在订单产生之后由商家直接进行派送。自建物流的配送效果显然会优于第三方物流，呈现到用户端也会是更好的用户体验。淘宝也意识到了这一点，于是通过菜鸟网络迅速整合了第三方物流资源，补齐了自身的物流短板。

- 京东物流：京东商城在配送环节主要依靠的是自建物流，即通过自营物流实现商品从平台向消费者手中转移。京东通过自营物流极大地提高了对商品流转环节的控制能力，有助于解决运输过程中的效率低下、暴力操作等问题，从而构筑了京东区分于其他电商平台的独有的"护城河"。从时效性看，京东的配送服务基本上实现了"次日达"，优化了用户的购物体验。从服务质量看，自建物流模式使得京东可以对旗下快递人员进行较为严格的管理和监督，提高了用户在配送环节的购物体验。

* 淘宝物流：淘宝采用"四通一达"（中通、申通、圆通、韵达）等第三方物流公司，并在第三方物流的基础上建立物流联盟（菜鸟物流）。淘宝自身并不参与物流运输过程。在该模式下，买方、卖方都是相互独立的，淘宝只负责向卖方推荐第三方物流，并将物流信息整合显示在淘宝平台上。采用第三方物流将物流运输过程中的风险也转移给了第三方，淘宝本身不承担任何运输环节的责任。同时，淘宝自身不用投入巨资构建物流体系，极大降低了其财务风险。但"四通一达"等其他快递的揽件效率、运输效率普遍低于顺丰和京东，这在一定程度上影响了消费者的购买体验。

平台、物流、支付是电商平台竞争的三大关键。在京东之前，电商企业普遍忽视了用户在物流环节的体验，京东将自建物流做到了极致、难以复制；在京东之后，淘宝跟进物流建设，通过物流联盟形式补齐物流短板。京东自建物流网络，短期来看会占用资金、侵蚀利润，但长远来看，正是正品的口碑和强大的物流构成了京东抵御竞争对手的宽广"护城河"。

三、拼多多在两强夹击下异军突起

2011 年，京东、阿里巴巴实际上已经占据了中国电商的半壁江山。2016 年，两大巨头的市场份额进一步扩大至超过 80%。但就在所有人认为中国电商市场将由淘宝、京东两家形成寡头垄断格局之时，拼多多以"黑马"姿态异军突起。拼多多崛起的时机正是社交红利井喷的 2015—2016 年，微信的渗透率快速提升，网络效应全面铺开，人与人之间的连接方式被更新，时间的衡量方式与空间的维度被重构。社交电商成为嵌入新型社交关系的场景之一，社交网络为电商场景创造了一个全新的载体。拼多多应运而生，利用社交裂变的强大能量取胜于传统电商流量见顶之时。

拼多多诞生与崛起的时间点处于中国电商已经进入相对成熟的平稳发展期。一方面，潜在的电商用户群体渗透率已经处于相对高位，获客成本节节攀升，对中小电商企业并不友好；另一方面，以淘宝、京东为代表的电商巨头已经锚定商业模式的范本，平台、支付、物流的三大壁垒使新进入者难以逾越。但同时，拼多多也赶上了智能手机的进一步普及与移动支付的加速下沉。以 vivo、OPPO 为代表的智能手机成功攻占了三四线下沉市场，2015 年微信在春晚赞助"摇一摇"

红包，帮助大批用户养成了微信支付的习惯，而拼多多刚好在此时提供了一个消费出口，从而实现了用户的爆发式增长。

一般认为，成熟市场是红海市场，先进入者在已有路径占据绝对优势，新进入者想要逆袭只能颠覆，而不是复制。通过复盘拼多多的崛起历程，我们认为其至少在商业模式、市场空间、连接方式三个维度颠覆了原有电商行业。

第一，拼多多不再囿于传统电商的模式，而是另辟蹊径，重新定义了社交电商。在拼多多之前，电商领域就存在拼团模式，但拼团模式的确是伴随着拼多多的发展而进入大众视野的。拼多多展示的商品一般会标示两种价格：拼团价格与单独购买价格，前者明显低于后者。用户想要享有拼团价格，就需要发起拼团活动，将信息分享给好友，邀请好友加入。如果能够在平台规定的时间内凑齐人数，就能以拼团价格买到商品，否则活动无效，用户之前支付的款项也会被退回。微信的社交网络为拼多多的社交裂变模式提供了天然的便利，用户可以非常便利地与好友拼团。拼多多的拼团模式形成了新的社交电商思维，在一定程度上重新定义了社交电商。拼多多崛起之前，微信流量也造福了一批人，但主要是微商群体，没有形成稳定的商业模式和"既叫好又叫座"的品牌效应。拼多多崛起之后，用户基于微信分享凑单的需求被激发出来，并沿着社交网络迅速发生裂变。通过微信社交的方式，拼多多购物一传十、十传百。微信好友间可以通过"砍价""拼团"购得价格更实惠的日用品，购物已经不局限于消费体验，更是向社交行为升级，用户消费频次和黏性明显提升。可以说，拼多多的崛起，正是社交红利的产物。

第二，拼多多其实是重新对市场的供需关系做了评估，最终决定从低端市场切入并匹配低端供应链。在淘宝、京东、蘑菇街、聚美优品、唯品会等一众电商平台把焦点放在消费升级、专注品质之时，拼多多改变思路，率先从一、二线城市走向低线城市，以"拼团＋低价"的方式吸引对价格比较敏感的用户，并在短短4年内跻身头部电商平台。在需求端，拼多多的核心用户包括但不限于三、四线城市消费者，而是所有对价格敏感的用户，是对性价比有强烈要求的人群集合。无论在社会发展的哪个阶段，这群人永远是社会的主要组成部分。在供给端，拼多多瞄准农村电商，为对价格敏感的用户匹配尽可能低价的商品。以"多多农园"为例，拼多多平台一方面参与构建线下农产区的基础设施，另一方面在网上高效完成交易，还要与"线上农货中央处理系统"相互协同。拼多多作为线上平台，重新匹配了市场的供需关系，能够快速聚集消费者需求，实现大规模、多对多匹配，再利用中国成本低廉的物流网络，减少中间环节，将农产品直接从农庄送到消费者手中。正是借助这种高效的匹配机制，拼多多俘获了下沉市场消费者的心，在京东、淘宝的两强夹击之下迅速成长起来。

第三，拼多多完成了电商新旧连接逻辑的切换，之前是以货为中心、人找货，之后是以人为中心、货找人。电商无非是人、货、场三要素的组合。在传统电商旧的连接逻辑下，供给是稀缺的，所以是人找货；而在社交电商新的连接逻辑下，供给是充分的，所以是货找人。拼多多的高速增长背后，正是中国零售从人找货到货找人的逻辑变化。所谓人找货，其实就是基于流量逻辑的搜索行为，用户进入淘宝、京东等电商平台寻找自己想要的商品，完成购买行为。用户的搜索范围较大且具有不确定性，因此平台需要聚合尽可能多的库存单位（SKU）来满足用户的差异化需求。而货找人，是基于社交逻辑的匹配行为。平台将商品推荐给用户，陈列更加清晰，SKU 有限但结构丰富。为实现商品低价，拼多多要完成的是一种多对多的匹配以实现规模效应，多对多匹配的背后是按照维度对人群进行划分。多对多匹配及人群划分如果足够精准，就容易产生爆款。用户重产品而轻品牌，商家为适应这一模式，最终催生出"拼工厂"，形成成本与价格的正向循环，即越是爆款，价格越是优惠。

四、直播电商再起波澜，淘宝、抖音、快手三足鼎立

直播电商是内容电商的高级形态和最新形式，其特点是"现场＋同场＋互动"，能够通过更紧密的互动与用户建立信任，更好地输出品牌价值，真正实现"品效合一"。经过传统电商、社交电商的积累，中国已经具备相当庞大的网络购物群体，用户的网络消费习惯已经养成。再加上在短视频平台崛起早期，用户数量及时长均实现大幅增长，红利迅速导入直播电商，无论是传统电商、社交电商、内容电商，还是短视频平台，都充分意识到了直播电商的巨大潜力，并投入了巨大的资源培育直播电商。

以淘宝为代表的传统电商是基于自身的流量焦虑提前布局直播电商。从传统电商到移动电商，再到内容电商，淘宝一直没有脱离用户时长过短的流量焦虑，而直播电商成为破局关键。早在 2016 年，淘宝就试水推广直播电商，内部孵化出了一批知名主播，并推动商家入驻直播平台。淘宝在扶持直播电商发展方面投入了如下资源：一是加大流量分发，2019 年有70% 的流量引导到淘宝直播；二是淘宝直播启动百亿扶持计划，为商家、主播、机构提供专业化培训和激励；三是在导航栏中设立"微淘"板块，直接推荐正在直播的常访问店铺。

淘宝于一众传统电商当中率先推出直播业务，并不断提升直播在生态内部的权重。

以抖音、快手为代表的短视频平台扶持直播电商则是为了多元化变现。抖音、快手等短视频平台快速成长为互联网巨头，并沉淀了数以亿计的用户，变现方式以广告、打赏为主，而直播电商是价值较大的、最新的商业变现方式。抖音平台基于大数据、人工智能等新技术的算法，在对用户偏好进行深刻洞察的基础上，给用户提供精品化、个性化的内容，优质短视频被算法识别后会得到加持并推送给大规模用户，流量大、曝光率高，呈现中心化的特征，但主播与粉丝的社交关系较弱。抖音的商业模式以广告为主，占收入的比例为80%以上。为了拓展新盈利模式，抖音逐步开始探索商城、电商直播、本地生活等业务。快手平台强调不打扰用户，大力鼓励腰部主播成长，形成了强关联的生态，呈现去中心化特点，主播与粉丝之间的信任感和社交关系属性较强，天然利好直播带货。在商业模式的探索上，快手于2018年后开始探索广告、直播带货等变现模式，并投入资源大力扶持原产地、产业带、工厂直供、电商达人等类型的电商销售。

2020年，在疫情的影响下，直播电商呈现爆发式增长，明星、网红、企业家等纷纷进入直播间带货，逐渐形成了淘宝、抖音、快手直播"三足鼎立"的态势。但淘宝、抖音、快手做直播电商的底层逻辑并不相同。淘宝直播是以"搜索"为逻辑的"人找货"，类似于把线下商铺搬到了线上。抖音直播更偏向兴趣电商，是通过优质内容吸引消费者的"货找人"。快手直播则强调的是主播和粉丝之间的信任度，是"老铁经济"的直接变现。

- 淘宝直播：淘宝平台的核心优势是高效率、系统化的直播电商系统。淘宝不仅拥有全行业大盘数据，能够直接监控直播大盘流量和主播情况，还拥有数量最为庞大的主播群体，不乏头部主播、意见领袖（KOL）、明星、网红等群体，商家可以根据自身的需求选择最适合自己的主播；同时淘宝丰富的 SKU 便于精准实现"人找货"，能快速筛选热销商品及品类，在用户精准画像的基础上实现用户和商品之间的智能匹配。《2020 淘宝直播新经济报告》数据显示，淘宝主播中"90 后"占一半，是绝对的主力；年龄最大的主播是 109 岁，最小的是"00 后"；女性是淘宝直播主力军，超过 65% 的主播是女性，但是男性主播增长迅速。围绕淘宝直播生态的公司数量快速增长。截至 2020 年 2 月，淘宝直播 MCN 机构数量突破 1 000 家，淘宝直播服饰基地数量达到 100 家，淘宝直播珠宝基地数量达到 17 个，淘宝直播代播服务商从 2019 年 6 月的 0 家增长到 2020 年 2 月的 200 家。

- 快手平台：快手采取"去中心化"流量分发模式，倾向于给用户推荐关注的内容，将用户上传的视频根据标题、描述、位置等打上标签，并匹配给符合标签特征的用户。快手拥有独家支持的第三方电商平台和自建平台，同时拥有微信小程序电商入口。快手的强社交特性和社区氛围形成了独特的"老铁经济"，其高互动性和信赖感为电商变现提供了天然基石。

- 抖音平台：抖音的内容分发方式为"智能算法推荐＋社交分发"，其具有优秀的内容制作能力，能够以内容吸引用户关注，内容创作者也有动力成为主播以获取收益。直播电商与传统电商相比，更多是针对没有明确购物需求、喜欢多浏览商品的用户。抖音长期积累的用户画像和精准的算法推荐可以帮助商品更好地触达用户。

直播电商的背后是消费升级。无论是传统电商、社交电商还是内容电商，用户之前单纯依据商品价格和功能参数去判断的消费方式已经过时，现在他们更关注整个消费过程中的精神体验，且越来越多的用户希望获取更多具有知识性、专业性的信息，以此作为购买决策的参考。直播电商通过消费数据及消费引导，让商业与情感、人性的结合更为紧密，进而更好地满足用户需求。

直播电商的本质是电商渠道"人—货—场"的彻底转型升级。从传统网站到聚合式 App，从微信小程序到淘宝直播间，用户的线上消费场景在不断变换，线上场景本身承载的信息量越来越大，越来越接近线下的购物体验，整体的趋势是持续为用户创造更好的购物体验。未来，在 AR 等科技手段的加持下，购物场景有望被赋予全新的内涵。新兴事物在发展早期一般会遭受阻力，而一旦模式走通，又会被原先的反对者跟进与模仿。电商的发展，不变的准绳是以用户为中心，以服务于用户体验为核心进行一系列时空场景的定义、构建、延伸。

第二节
短视频：星星之火，可以燎原

短视频发展到今天，已经成为占据中国网民时长最长的内容形态之一，渗透在各类网站、应用程序、社交平台中，成为一种广泛的内容形态与通用的表达方式。在注意力与商业价值画等号的互联网行业，短视频从工具到内容社区，再到商业基础设施、服务与交易，其生态链的深度和广度不断拓展，不断衍生出新的可能。

短视频之所以能够崛起、爆红，再到成为主流，我们认为是因为其从本质上迎合了用户的信息消费习惯并调动了用户的信息生产动力。

一方面，用户注意力跨度不断缩短的信息消费习惯与短视频"短、精、小"的呈现方式不谋而合。短视频以其多维度的内容展示刺激了用户的感官，兼容了文字媒介、声音媒介及图片媒介，用户可以通过付出尽可能少的时间成本而获得尽可能多的报偿。

另一方面，短视频具有快速拍摄、方便剪辑、实时上传的特性，极大地调动了 UGC 的积极性。社交链条的存在促进了短视频内容的传播，内容 /IP 的沉淀积累出商业价值，进而吸引了 PGC 入局，短视频内容进一步丰富与繁荣又吸引了更多的用户与创作者，"内容—用户—创作者"的正向循环由此形成并运转顺畅。同时，大数据和算法分发技术也让不同类型的短视频能够精准直达目标受众，进一步增强了用户黏性。

原本"不起眼""不入流"的短视频，已经如同"星星之火"，"可以燎原"。短视频作为一种内容形态，其深度、广度、跨度等方面的特征均已成为"主流"，不仅登上了国内各类官方媒体平台，甚至走出国门参与国际化竞争（如 TikTok）。作为商业载体，短视频也拥有比中、长视频更强的变现能力，"高信息密度＋可精准推送"的特点使之与广告、电商等商业形式结合得更加紧密。

一、长视频平台的商业困境——五次竞争战略转变

通过复盘长视频媒体的发展轨迹，我们发现其竞争战略发生过几次重大转变，竞争焦点曾经集中于版权数量、独播内容、会员数量等，但始终没能探索出较为高效的变现方式。长视频内容本身的长尾效应较差，变现模式较为单一，聚合长视频内容的平台持续变换竞争策略，核心是通过内容打通所有娱乐产业链条，将内容产业相关的生态进行整合。

早期国内在线视频媒体模仿的对象是 YouTube，玩家主要是优酷网、56网、酷6网、风行网、土豆网等，网站内容主要是用户自发上传的盗版电视剧、综艺、动漫等版权内容，以及用户原创的内容。一方面，盗版内容不能支持长期发展；另一方面，UGC 内容良莠不齐，整体播放量不高，无法吸引广告主。面对这两大行业痛点，搜狐主打"正版高清长视频"

加入长视频竞争，从此视频媒体开始了版权争夺战。长视频媒体希望通过版权内容吸引用户，同时利用版权内容进行广告招商变现等。

版权之争对长视频平台而言投入大、收效低，通过分销版权内容并不能够支持长视频媒体的长期发展。一方面，长视频媒体的竞争造就了卖方市场，版权费用水涨船高，而对应的变现方式较为有限，版权内容招商的广告收入难以覆盖过高的版权成本。另一方面，版权内容的差异化程度低，用户完全跟着版权内容走，并未对平台产生真正的黏性。为打造差异化竞争力，长视频媒体的竞争焦点逐渐从竞争版权数量到竞争独播内容。此思路由搜狐视频开辟，之后其他视频媒体也迅速跟进。

独播内容的争夺本质上是升级的版权竞争，需要更为庞大的资金投入，往往是"赢家通吃"，资本雄厚的视频平台占据优势。因此，爱奇艺、优酷、腾讯视频三家凭借背后互联网巨头的资本实力脱颖而出，成为长视频平台的"三巨头"。同期，芒果 TV 由于背靠湖南卫视获得版权竞争优势，也占有一席之地。而搜狐、PPTV、风行等媒体逐步掉队，PPS 和土豆由于资本收购而沦为"弃子"。对独播内容的争夺令行业重新洗牌，头部视频平台也陷入无休止的高价竞争当中。

面对独播内容的高昂成本，各家决定以综艺内容为起点做自制内容，以爱奇艺的《奇葩说》为节点诞生了许多成功的网生综艺，此后优酷的《火星情报局》、腾讯的《拜托啦冰箱》《吐槽大会》等综艺也相继涌现。综艺内容试水成功之后，长视频媒体开始探索小成本网剧与网络大电影，也获得了一定成功，进一步丰富了视频网站的内容供应。

经历过版权之争、独播权之争、自制内容的比拼，长视频平台竞争格局初定，基本上就是爱奇艺、优酷、腾讯视频三家，再加芒果 TV。但变现始终是痛点，单一的广告营收难以覆盖高昂的内容成本。如何增加会员数量并刺激会员付费，成为长视频平台商业化变现的重点。2015 年，爱奇艺凭借大 IP 剧目《盗墓笔记》第一次试验会员付费模式，会员可以抢先观看全集，而非会员要按"一周一更"的节奏观剧。从此，长视频行业进入会员付费时代，会员付费与广告招商成为营收双擎。

"广告＋会员"模式跑通之后，长视频媒体开始着眼于内容产业化变现，尽可能地挖掘内容产业链条上各个环节的变现可能性，"榨取"更多元的价值。以爱奇艺的综艺《中国有嘻哈》为例，一个内容产品的营收可拆分为广告营收、会员营收，以及音乐版权、游戏改编权、衍生品研发和售卖、线下演唱会售票、艺人经济的拓展等多元化的收入来源。

直到今天，长视频内容仍然是占据用户相当一部分时长的重要内容形态，同时也是众多短视频内容的二次创作源头，真正优质的长视频内容的长尾效应非常惊人，其 IP 价值也不会随着时间的推移而消逝。因此，对优质版权的竞争仍然广泛存在于长视频平台的竞争当中，但竞争的重点由数量进阶到质量，因为大家意识到头部版权内容是通吃的，而真正优质的版权内容是稀缺的。同时，平台的内容制作能力也在进化，既有成功的纯自制内容，也有与内容方合作制作的综艺和影视作品，各平台也凭借不同的内容风格与属性奠定了不同的平台调性，找到了自己擅长的方向，走向了差异化竞争的阶段。

从供给与消费两端来解读，长视频内容主要有两大特质：一是专业化生产，制作门槛较高，进化方向是工业化生产；二是消费周期较长，电视剧、综艺、电影等都需要占用较长的时长才能完成一次完整消费，越来越不适应快节奏、碎片化的现代互联网环境。因此，用户对内容的需求其实是暴露了一个缺口，即生产门槛更低、消费时长更短的内容。由此，短视频应运而生，本质上是填补了长视频内容覆盖不到的死角，满足了用户对内容的多元化诉求。

二、社交娱乐短视频初期的百花齐放——从模仿到超越

短视频的先驱是 2012—2013 年兴起的 Vine 和 Instagram，它们与社交网络平台 Facebook 和 Twitter 相结合，将短视频嵌入社交网络的信息流中，借助其便捷性和强大的分享功能掀起了短视频拍摄和分享的风潮。我国的短视频行业有腾讯美拍、新浪秒拍等率先兴起，借助与社交媒体之间的共联分享功能成为短视频行业发展的先锋。但这一阶段的短视频还是脱胎于国外的模式，未迎来真正意义上的爆发。随着短视频行业日趋成熟，以快手、抖音为代表的短视频平台脱离了最初短视频与微博、微信等主要社交媒体之间紧密相连的依附关系，成长为带有社交性质的独立短视频应用，并以强劲的增长势头成长为新的互联网巨头。

短视频行业迅速崛起的大背景是智能手机的普及和移动 4G 网络的发展，移动直播的热潮也在一定程度上起到了加速作用。国内短视频行业兴起于 2013 年，秒拍、微视等立足于社交平台的短视频平台开始出现，正式拉开了移动短视频时代的帷幕，也昭示着国内互联网巨头开始进军短视频这一新兴领域。

2013 年 7 月，一下科技完成新浪领投、红点和晨兴资本

跟投的 2 500 万美元 B 轮融资，同年 8 月正式推出现象级爆款产品"秒拍"，并借助新浪微博的独家支持以及众多明星的入驻，迅速将用户量级推至千万级。同一时间，腾讯也正式推出了与之抗衡的短视频应用"微视"，主打专业内容生产，并打通了腾讯旗下的 QQ、微博、微信等产品链，用户可将自己录制的 8 秒钟短视频同步分享至腾讯微博、微信好友及朋友圈等，实现多渠道分发。这一时期，无论是新浪秒拍还是腾讯微视，产品的优化空间都较大，功能和商业模式还处于早期发展阶段。

2014 年，由于资本与大量创业者的涌入，移动短视频应用进入密集面世期。与前一阶段基本以社交平台为依托的短视频模式不同，这一批短视频玩家在内容形态与模式创新方面前进了一大步。快手的前身"GIF 快手"主打草根文化，成功俘获了亚文化阵线的众多粉丝。"小影""小咖秀"等短视频应用则定位于个性化工具生产，借助明星效应放大声量，确定了以工具为核心的发展脉络。同时，互联网巨头展开了对短视频统治地位的争夺，微视、美拍和秒拍先后发起了"春节拜年""全民社会摇"以及"冰桶挑战"三大活动，将短视频市场的热度推到了全新的高度。在头部玩家的引领之下，越来越多的用户开始关注到短视频这一全新内容形态并成为内容创作者的一员，短视频的 UGC 生产模式又进一步增强了用户的参与感与活跃度。到 2015 年，短视频市场竞争格局基本上形成了美拍、微视、小咖秀三足鼎立的局面，市场上流行的短视频应用按照模式的不同可以分为三类：以美拍为代表的社交媒体模式，以微视为代表的 PGC 模式，以及以小影、小咖秀为代表的工具平台模式。此时的快手、抖音两大短视频平台尚未壮大起来，短视频行业也未迎来真正意义上的爆发。

我们认为，短视频真正意义上进入爆发期，是 2016 年的"短视频元年"，大批短视频内容创作者崛起，短视频市场开始向精细化、垂直化方向发展。这一阶段，内容创作者取代平台成为短视频行业的主角，短视频内容的质量开始大跨步提升。在这一趋势下，过去粗放式、劣质搬运的短视频内容难以为继，拥有强大原创内容生产能力的创作者则脱颖而出。短视频生产成为新媒体时代的常态，以中央电视台、人民日报社、新华社为代表的主流媒体也相继入局。2016 年，主打资讯类内容的"梨视频"上线，不同于其他侧重社交功能的短视频平台，"梨视频"将重心放在了新闻报道上。随后《新京报》的"我们视频"、《南方周末》的"南瓜视业"、上海报业集团的"箭厂视频"，浙报集团的"浙视频"等，都陆续加入短视频行业。新闻短视频既为用户获取新闻资讯提供了新渠道和新体验，也极大拓展了短视频的内涵和外延。

三、抖音、快手崛起——短视频进入"双寡头"格局时代

我国短视频行业早期涌现的应用都与主要的社交媒介关系密切，应用内部也呈现明显的社交化趋向，沿着社交网络传播成为重要的扩张路径之一。2017 年始，以抖音、快手为代表的全新的短视频应用平台全面崛起。这类平台并不依靠互联网巨头的流量或资本支持，也脱离了复刻海外的模式，创新了短视频的题材、内容以及互动机制，为短视频行业带来了全新的发展趋势。同时，抖音、快手本身的发展思路也大不相同，沉淀出截然不同的平台气质与核心竞争力。总体看来，快手的风格更接地气，视频内容主要为记录日常生活，内容创作者以普通人为主，社交属性强，长尾用户的视频有更多的曝光机会。快手去中心化的定位有助于视频内容多样化，容易让观众产生共鸣，形成强烈的认同感和社区凝聚力。而抖音的视频内容更加新潮与个性化，更能迎合一、二线城市用户及年轻用户群体的需求。抖音是中心化分发，优质内

容在算法推荐下容易被打造成爆款，明星、网红、KOL 等享有更高的流量权重，而普通用户之间的社交关联较弱。

市场上已经有太多关于快手、抖音发展历史的复盘，以及快手、抖音平台在用户画像、平台调性、变现模式等方面的对比，本书不再赘述。本节主要是希望通过描摹短视频从"小众化""不入流"走向"大众化""商业化"的进程，揭示互联网视频时代变迁下用户时长与关注度的转移。原本归属于社交媒体、长视频平台等的"时间"与"空间"为何转移至短视频平台？短视频也是时间与空间的切割，符合本书对场景的定义，因此，我们尝试沿着"技术＋模式→产品或服务"这条线来分析快手、抖音为何能成就于短视频场景。

首先是技术维度的要素创新。快手、抖音关于沉浸感的设计以及两家不同的算法推荐机制构成了其产品端的核心竞争力。尽管快手、抖音不借助任何虚拟现实工具，但是其连续不断的视频流的设计、具备情感连接的直播间的推送，在一定程度上混淆了虚拟与现实的差异，令用户进入"心流"状态。这可以解释为什么用户的直观体验是"刷"短视频会"忘我"。抖音的算法机制采用中心化的逻辑，具体的流程包括：（1）冷启动阶段视频特征的识别；（2）优质内容推荐进入初级流量池；（3）根据点击率、完播率等指标评价筛选内容，推荐进入二级流量池；（4）多级流量推荐，其中每级流量池都要经过抖音自身的审核，根据不同的指标赋予不同的热度权重。抖音的推荐逻辑以优质内容为核心，平台提前进行一轮内容的筛选，用户接触到的内容会更加接近其真实的兴趣点。通过流量扶持和自动加权，抖音可把大量资源分配给 KOL，使视频呈现更加优质。快手则采用去中心化的算法逻辑，更大程度地刺激用户进行主动交互，从而获取更多的数据反馈，进而实现内容推荐；同时，通过多种算法的组合推荐及优化，对不同模块赋予不同的权重进行推荐。在产品逻辑方面，快手需要用户在不同模块里进行更多的交互来获取数据以进行内容推荐。在此种推荐算法下，用户能培养起更多参与交互的习惯，也能更好地开启社交互动。内容分发推荐也更依赖社交关系，快手系统可更丰富地刻画用户的长期兴趣画像，也可呈现更多元化的产品。

其次是模式维度的场景创新。当快手、抖音在 to C 方向上落地产品与服务时，也在创新自身的商业模式。短视频平台当前的变现方式主要包括广告收入、电商带货、直播变现、导流变现等。广告形式具体包括信息流广告、贴片广告、固定位广告、开屏 / 视频详情页的相关推荐等，丰富了互联网平台原有的广告类型。电商带货与直播变现也是互联网流量变现的最新形态。针对用户的增值服务，未来可能是内容付费、直播打赏和导流变现。抖音、快手由于平台调性、资源禀赋非常不同，对不同变现方式的倚重程度也不同。其中抖音对广告变现的依赖度更高，快手对电商带货的依赖度更高。抖音未来变现的发力点预计将长期集中于广告与导流。抖音的内容较为优质，头部内容的关注度高，用户画像的学历背景与收入水平同样较高，受到广告主的偏爱；导流方向正在积极探索到店业务，希望通过同城推荐的影响力为线下商家赋能以获取收入。快手凭借独特的"老铁经济"在电商方向走得更加顺畅，主播与粉丝之间有着更亲密的信赖感，天然适合电商带货等交易模式的发展。

最后，基于技术与模式，短视频的底层逻辑同样是作用于用户的"人性"。"顺人性"的结果是短视频占据的时长不断延长，"逆人性"的方向则是变现焦虑下"非观赏性内容"充斥平台。"刷"短视频相比阅读文字、浏览图片、观看长视频或纪录片，是门槛更低的一种内容消费模式。短视频的制作越来越精良，能够把握用户痛点并给予直接的刺激，纯熟的算法推荐的也都是用户感兴趣的内容，用户很容易沉溺其中。对人性的洞悉和顺应，也解释了快手、抖音等短视频应用何以在短短几年之内迅速占据用户时长。抓牢用户的下一步必然是商业化与变现，短视频平台需要探索的是如何在商业化与用户体验之间做到平衡，过度的商业化必然会造成用户的反感，比如过多的广告、频繁的购物推送等。算法在一定程度上可以弥补商业化的负效应，可以根据用户的兴趣和关注点进行推送，降低用户反感的可能性。

短视频的爆发满足了用户的主观需求，一是内容消费升级的需求，二是用户自我表达的需求。

内容消费升级的需求：短视频的呈现维度高于图片与文字。经历了"2G/3G—4G—5G"的过渡与迭代，内容展现形式实现了从文字到图片再到视频的升级。短视频短小精悍的呈现特点能够顺应用户日益碎片化、移动化的内容消费习惯，短视频拍摄手法、音乐、故事、画面等的多样性能够最大化地满足用户的内容消费需求。因此，在流量资费逐渐廉价化的背景下，用户多选择短视频作为碎片化时间的消遣方式。短视频内容的承载平台范围日益宽广。各流量平台均入局短视频内容的分发，在 App 内部或首页嵌入视频专区，短视频内容正在成为与图片、文字并驾齐驱的内容形态。因此，短视频内容已经不再局限于快手、抖音等短视频平台，而成为各大流量平台视频专区的标配。

用户自我表达的需求：低门槛的短视频将提供泛众化的

表达框架。在以图文输出为主的互联网时代，能够在网络上表达思想、看法的始终是社会上的少数精英，95%以上的大众只是旁观者、点赞者和转发者。因此，从深层的逻辑上看，图文表达仍然是以精英人士为主流的一种社会表达范式。短视频则是一种泛众化的传播范式。短视频拍摄的低门槛为大众赋能、赋权，满足了普通人自我表达的需求，每一个人都可以用短视频这种最简要、直观的形式与他人分享自己的观点和生活。

四、视频号发力——能否追上抖音、快手

抖音、快手的迅速崛起与对用户时长的抢夺历历在目，老牌互联网巨头其实也从未停止过短视频赛道的布局。2017年，腾讯重启微视，并在一场战略调整中特别提及微视等短视频产品将奋起发力；同年，阿里巴巴也宣布优酷土豆要全面转向短视频；百度推出了"秒懂百科"短视频；美团旗下的大众点评则推出了"点评视频"。2021年以来，腾讯、美团、拼多多等互联网巨头在短视频领域也有诸多动作。腾讯进行了视频相关业务线的架构调整，将长视频平台腾讯视频、短视频平台微视，以及其他几大产品线整合为腾讯在线视频事业部。美团

App 也正式推出短视频功能。拼多多的搜索框中也新增了"多多视频",丰富其短视频内容板块。

老牌互联网巨头聚焦短视频赛道的竞争,其实和新崛起的抖音、快手的出发时间相差不多,甚至老牌互联网巨头在早期是占据先发优势的,但抖音、快手的产品思路被验证是更胜一筹的。互联网产品一是比拼产品力,二是比拼运营。互联网巨头在运营环节占据优势,但是纯产品层面的比拼却不一定能靠资本或流量取得胜利。互联网产品本身被设计出来之后,会按照底层的基因持续进化,底层的基因在很大程度上决定了天花板的高度。因此,新公司、新势力由于框框较少、包袱较轻,往往能够有较大力度的创新。时至2021年的短视频赛道,抖音、快手建立的竞争壁垒越来越稳固,目前看老牌巨头之中只有腾讯的视频号有一战之力。从驱动力来看,腾讯被短视频蚕食的时长最多,所以对抗短视频的诉求也最急切。

复盘腾讯做短视频的历程,尽管布局较早,且上线过诸多产品,但是总体看,除了视频号,还没有一个产品真正地突围出来。包括微信7.0更新的"时刻视频",腾讯先后至少上线过17个短视频相关的产品,庞大的数量印证了腾讯对短视频的重视。视频号背靠国民级应用微信,拥有最为庞大、社交关系最为密切的流量池，腾讯内部也采取了一系列策略去发展视频号。不同于抖音、快手，视频号是微信生态中的一环，在成熟的微信生态里能有更多的连接和玩法。目前，可以说，腾讯视频号承载着腾讯发展短视频的全部希望。

腾讯做视频号的一大优势就是背靠微信得天独厚的流量池。2021年上半年，视频号主页实现与公众号双向打通。各公众号用海量图文内容积累的读者能够成为其视频号的观众，过程类似于抖音上的品牌官方号用发布日常内容的方式把视频观众转化为直播观众。同期，朋友圈广告也可接入视频号，相当于信息流广告，进一步强化了变现能力。到下半年，微信小程序新增跳转视频号、直播间的功能，微信支付和企业微信也相继接入视频号。2021年下半年，腾讯加强了对视频号的流量导入，各个板块的零散流量纷纷向其靠拢。Quest Mobile的数据显示，截至2022年6月，微信视频号的月活已经达到8.13亿，而截至2022年4月，抖音和快手的月活分别为6.8亿和4亿，视频号在月活数据上已经做到了行业第一。

同时，不同于抖音、快手，视频号脱胎于微信，天然就具备牢固的熟人社交关系链，这也是视频号崛起的最大优势。视频号流量是对朋友圈关系的再次拓展，主要围绕朋友的朋友展开。从这种社交次级（次属）关系链的设计可以看出，视频号旨在拓展微信熟人关系链的下一级关系，这样就和抖音、快手的用户定位区分开来。同时，次级关系链带来了跨圈层的传播。大量明星、知名"大 V"都开通了视频号，这弥补了微信一直以来无法吸引明星入驻的不足。微信是国内最大的社交平台，当前视频号仅仅是类似朋友圈的展示，还没有增加"同城"功能，"同城"将是对次级关系链的进一步开放。短视频对微信流量的蚕食主要体现在年轻人与微商两大群体，年轻人追潮流，而微商拥趸直播。而将短视频与直播合二为一的内容生态崛起势头最猛，蕴含的商业价值也最大。视频号基于熟人关系链，微信也有过微商的次级交易生态，因此发展视频号直播带货是势在必行的，在这一领域抖音、快手、视频号必有一战，用户已经养成的消费习惯与天然牢固的熟人社交关系正是视频号的最大优势。

老牌互联网巨头与近年来崛起的互联网新秀，在短视频赛道上演了一场"主流被逆袭，而潮流变成主流"的大戏。传统的以长视频为代表的潮流与主流被先锋派的短视频内容砸碎，随着时间的推移，传统方又开始发力加入原本小众且不入流的短视频竞争，视频内容生态随着内容本身形态更迭带来的时间、空间变换而持续变化。我们认为视频号的发展仍然具有很大的不确定性，其能否追上抖音、快手仍存在较大变数，核心在于视频号为用户创建的时空场景能否像当初短视频应用般颠覆用户体验。

第三节
二次元文化：后浪奔涌，不容忽视

二次元文化从诞生之初便处于争议的旋涡当中，与主流文化相对立，属于亚文化的范畴。"二次元"概念最早源于日本，发源于1989年前后日本经济衰退时期。当时人们情绪普遍悲观，开始怀念过去的美好时代，希望跳脱出现实世界的困惑，流连于漫画、动画、游戏、轻小说所营造的二维世界。"二次元"是一个平面媒体所表达的"异次元"，因其二维空间本质而被称为"二次元"。目前的"二次元"已经脱离原本的空间属性，并派生出相对独立于主流文化的次文化体系，也就是"二次元文化"。随着大众传媒的发展，日本动漫产品陆续传到国内，影响了国内的年轻人群体。

历经主流文化的意识形态规训和文化资本的商业化改造，二次元文化逐渐从"亚文化"走向"泛文化"。一方面，社会主流意识形态约束和规范了二次元文化，也引领和形塑着这一文化，调适和规制着二次元社群的文化走向，力图以正确的价值范式促使其成为社会文化建构的潜在资源。另一方面，商业资本在意识到二次元文化的价值后，会根据市场需要调整其某些属性，对二次元文化进行重组与再造，进一步放大二次元文化产品的价值。

随着文化资本对二次元文化的商业化改造不断升级，二次元文化的内涵不断丰富、范畴持续拓宽，与大众文化、消费文化的融合逐渐加深，已经被形塑为一种大众化、商品化的消费符号，变成了一种普及化、边界模糊、不设层级的时代泛文化。二次元场域内的文化产品越来越丰富、产业化并共同嵌入泛娱乐文化产品的生产与消费链条当中，具体包括二次元的内容生产、内容传播以及衍生周边。

整体来看，中国的二次元产业已经从萌芽期走向成熟期。在内容生产方面，中国二次元内容制作水平逐渐提升并受到市场认可，最直观的例子是二次元游戏《原神》在全球范围内受到追捧。在内容传播方面，线上二次元传播平台 AcFun（简称 A 站）、哔哩哔哩（简称 B 站）等成为用户接触二次元内容的主要渠道，平台本身也在融合主流文化与二次元文化的过程中成为精神图腾。在衍生周边方面，预计周边产品将成为二次元文化产业未来几年的重要拉动力量，普及率与渗透率随着 Z 世代 ① 的崛起而持续攀升。

一、B 站：从二次元精神领地到 Z 世代泛娱乐乐园

尽管 B 站发展至今圈层已经不断扩充，正在努力挣脱二次元标签，但不可否认的是，B 站的基因中渗透着二次元文化的影响力，目前仍然是国内最大的二次元文化爱好者集散地。早期的 B 站有着严格的注册制度，用户也主要是 ACGN（动画、漫画、游戏、小说）文化爱好者。随着 B 站自身的发展和入站门槛的逐渐降低，越来越多的用户涌入，现在的 B 站已经成为以年轻人为主体用户的泛二次元文化娱乐社区。

中国二次元种子萌芽于 A 站，而早期的 B 站是作为"A 站后花园"的角色存在的。B 站成立于 2009 年，前身是弹幕视频网站 Mikufans，二次元文化爱好者通过弹幕交流感受、寻找共鸣，分享共同热爱的文化产品。从 B 站角度看，由于 A 站发展过程中的管理问题，越来越多的 UP 主由 A 站自愿转

---

① Z 世代：最初是美国及欧洲的流行用语，通常指 1995—2009 年出生的一代人。

投 B 站，B 站从"A 站后花园"逐渐成长为可与 A 站分庭抗礼的力量。2011 年，时任猎豹移动副总裁的陈睿向 B 站注入首笔天使资金。在资本的助力下，B 站各项事务都得以高速推进。2012 年，B 站在 Alexa 上的流量排名已超过 A 站。此时的 B 站，已经成为国内二次元爱好者首选的聚集地。

　　B 站的早期定位是 ACG（动画、漫画、游戏）垂直社区，严格的入站门槛也保持了社区的垂直性。2014 年起，B 站开始加速合规化管理，先后申请了视频牌照、下架不合规内容，以及购买新老番的版权。而同一时期的 A 站，2015 年因无证经营被相关监管部门处罚并警告；2017 年又因在不具备《信息网络传播视听节目许可证》的情况下开展视听节目服务，被国家新闻出版广电总局要求关停视听节目服务，并进行全面整改。经过多次风波，A 站用户流失严重，而原本的 ACG 用户大批转向了牌照齐全、版权丰富的 B 站。值得一提的是，此时的 B 站还未破圈，二次元用户的比例仍然较高，B 站的准入门槛也帮助提高了用户的"二次元"纯度。早期 B 站的注册仅仅在一些节日才限定开放，普通用户需要在 60 分钟内完成 100 道试题才能成为 B 站会员，且这 100 道试题难度较高，只有对 B 站调性足够了解、精通 ACG 文化内容的资深爱好者才能完成。在 B 站发展的早期，高纯度的 ACG 内容与高难度的进入门槛一方面维护了 B 站社区的垂直性，另一方面也在后续成为 B 站谋求破圈与发展的掣肘因素之一。

B 站持续破圈，业已成为多元文化社区。破圈有两重含义，一是用户的破圈，二是内容的破圈。发轫于 ACG 内容的二次元垂直社区初具规模后，B 站以用户和内容补充、加固和丰富社区。在用户层面，B 站将目标用户从核心二次元用户拓展到整个 Z 世代群体。B 站在招股书中提到了"Generation Z"，Z 世代是深受互联网和智能手机、平板电脑等科技产物影响的一代人，也是未来在线娱乐市场消费的主力军。B 站在年轻一代中的品牌认知度和市场地位具有先天优势。同时，B 站的会员门槛也在降低，B 站开放了全面注册，但在注册会员与正式会员之间划定了清晰的界限，以保证核心用户的社区身份认同。在内容层面，B 站基于用户群体的潜在需求，用非核心二次元向的优质内容软化"次元壁"，将内容种类由核心二次元向拓展到多种热门文化。在一众非二次元向的优质内容中，B 站打造得比较成功的类目是纪录片，既有《我在故宫修文物》这样承载厚重历史与文化的偏严肃的纪录片，也有《人生一串》这样偏轻松活泼的自制小成本纪录片。除此之外，B 站在网综、网剧、网络大电影等方向上也有积极布局，选材虽然不是二次元，但也与爱奇艺、优酷、腾讯视频等主流视频网站形成明显区隔，更加符合年轻群体偏好。同时，B 站也非常鼓励 PUGC 的内容产出，鼓励、扶持 UP 主的创作热情。用户的破圈与内容的破圈相辅相成、相互促进，B 站逐渐由 ACG 垂直社区进阶成为泛娱乐多元文化社区，社区文化积极拥抱主流文化，社区价值也更上一个台阶。

B 站作为亚文化融入主流文化的典型案例，也是国内二次元文化从小众化、不入流到大众化、商业化的缩影。在此过程中，既有 B 站切换核心内容的主动融入，也有文化资本挟制下的被动的商业化改造。垂直社区在扩张的过程中，为了能够保持平台调性，一定会遇到如何平衡核心内容与泛化内容的问题，以及如何平衡核心用户与泛化用户的问题。B 站的策略是一方面用核心内容满足核心用户需求，维持平台调性；另一方面围绕用户喜好试探内容边界、找到新的内容品类，吸引潜在用户加入社区。最终内容的充实与用户的增加双管齐下，使社区不断扩张，形成稳固的多元文化社区生态。

核心内容切换，意味着 B 站正在去二次元化吗？从 2017 年开始，通过不断布局运营三次元领域，B 站早已不是以二次元为核心内容的小众社区，而是以三次元内容为主的综合视频平台。除以 ACG 为代表的二次元内容之外，近年来 B 站新崛起了美食、综艺、美妆、科普和影视解说等板块，均涌现出许多优质头部 UP 主，成为 B 站重要的流量池。但我们并不认同"B 站正在去二次元化"这一说法，更准确的说法是 B 站不再把二次元作为主打的标签，与其说是去二次元，不如说是增加三次元内容。

资本逐利，B 站商业化探索提速。社群当中用户的话语权较高，B 站商业化的阻碍便是用户流失的风险。此前，A 站的商业化之路就经受了多次挫折，B 站的商业化探索总体来看比较克制。B 站曾承诺永远不在视频内容上加贴片广告，这也是无数用户选择 B 站的重要原因之一，而视频平台营收的重要来源就是广告，因此 B 站必须另辟蹊径。截至目前，B 站在商业化方向上已进行了多次尝试，收入来源包括游戏联运、新番承包计划（众筹买版权）、周边衍生产品、电影制作、会员付费等。

- B 站可以通过游戏代理和联运的模式实现可观的商业变现。在游戏《崩坏学园 2》联运成功后，B 站乘胜追击，陆续接手《Love Live！学园偶像祭》《梅露可物语》《神之刃》等手游产品。2016 年，B 站代理的《FGO》更是一度超越了腾讯的《王者荣耀》登顶 App Store 畅销榜。

- 除游戏代理联运外，直播是第二大能让 B 站变现的业务。B 站直播仅是其商业化场景之一，由于具有浓厚的文化氛围，B 站也难以像快手、抖音等短视频 App 一样跻身主流直播平台之列。

- B 站推出的大会员制度，学习了爱奇艺、优酷等视频网站常见的会员独享内容模式。随着 B 站独占内容的丰富，大会员数量也在稳步提升。

- 线下活动也是 B 站一直在探索的重要方向，主要包括 Live 活动、线下票务，服务于二次元群体的线下交流需求。

B 站商业化的原则是不影响用户体验，促进核心二次元群体与泛二次元群体融合，满足特定用户群体与商业化的平衡。随着二次元文化的主流化，二次元巨大的产业价值被广泛认知，互联网巨头开始积极拓展二次元领地，新兴的初创公司也如雨后春笋般围绕二次元进行创业。

二、《原神》：国产二次元游戏突围，渗透非核心二次元用户

2020 年 9 月，米哈游开发的游戏《原神》正式公测，从

此在游戏行业内引发广泛谈论。《原神》的商业价值与品牌效应在游戏公测后的两年多时间内仍然在持续成长，可以说，《原神》是一款在世界范围内具有影响力的游戏。第三方调查统计机构 Sensor Tower 的数据显示，截至 2021 年底，《原神》上线以来，在全球 App Store 和 Google Play 的总收入已突破20 亿美元，其中国服 iOS 以占全球 28.6% 的比例成为第一大市场，日本和美国分别以 23.7% 和 21% 位居第二和第三。算上 PC 端与主机端的收入，《原神》的收入累计突破了 50 亿美元。流水是游戏产品商业价值与品牌效应的最直观体现，《原神》的相关视频、周边产品、二次创作、话题也长期保持着较高的热度。据不完全统计，在推特、微博等社交平台上，《原神》以每月超过 10 次的频率频登热搜，B 站的游戏官方账号中，《原神》也是稳居账号粉丝数第一的位置。

《原神》游戏可以被泛化地划分为二次元游戏，其内容本身有着浓厚的二次元风格，但更重要的是，它将受众拓展到了二次元之外的更大圈层。游戏市场一般以玩法来对游戏进行划分，如大型多人在线角色扮演游戏（MMORPG）、策略类游戏（SLG）、卡牌游戏等。而所谓的二次元游戏，更多是以日式动漫游戏的受众为主要对象，美术人设等风格以二次元文化为重要参照，人物角色的卖点不亚于甚至高于玩法本身。

我们从二次元游戏的定位与用户圈层的破圈两个维度来理解《原神》的成功。一方面,《原神》确实是二次元游戏的代表,但《原神》能够在全球范围内大获成功并不是因为其二次元的定位,究其根本还是其过硬的产品质量。《原神》真正吸引玩家的核心本质,在于其对二次元玩家心理的精准把控、颠覆传统手游的高精细度 3D 建模,以及真正意义上的个性化角色体验。另一方面,《原神》的成功也将二次元文化推向更大众化的圈层,以 Z 世代为代表的年轻用户在《原神》用户群体中占据相当一部分比例。同时,《原神》在主流文化维度进行了一系列扩大声量的尝试,如与肯德基举办线下联动活动,与中外景区合作新文旅等,将游戏内容和现实场景进行紧密互动,以拓展与二次元、ACG 文化、开放世界等完全不相交的群体。

需要认识到的一点是,游戏既是一种商业化产品,也可以作为一种文化载体,游戏内容的可玩性与文化内容的普适性毫不冲突。因此,《原神》才能走出国门在全球范围内取得成功,并且将中国文化融入"舶来"的二次元游戏当中。起源于日本的二次元文化进入中国后,经历了被主流价值观规训、被商业化资本改造的过程,已经深深融入主流文化,现在进入再创新的阶段。

《原神》的成功给国内游戏行业带来了巨大的震动，抬升了国产二次元游戏天花板。在头部游戏的示范效应下，二次元游戏市场水涨船高。从 2013 年的《扩散性百万亚瑟王》到 2016 年的《阴阳师》，国产二次元手游持续突破市场的收入天花板，但仍然属于小众品类，体量不能与《王者荣耀》相提并论。到 2020 年底，《原神》横空出世之后，向市场证明了二次元品类的天花板能有多高。《原神》的成绩刷新了国产二次元游戏的天花板，并且在海外市场更加成功，游戏内容通用性高，衍生文化也具有普适性，在全球范围内热度居高不下。《原神》已然成为二次元游戏的标杆，《原神》之后，一众厂商扎入二次元赛道，以开发出下一款《原神》为目标。中国音数协游戏工委发布的《2021 年中国游戏产业报告》数据显示，2021 年国内二次元手游市场收入达到了 284.25 亿元，同比增长 27.43%。2021 年我国二次元手游销售收入的大幅增长，主要源于游戏企业近两年来对二次元题材的开发和推广投入，头部二次元产品（以《原神》为代表）表现稳健，新产品持续推出。

二次元手游整体竞争相当激烈，行业内企业包括互联网大厂、新晋龙头企业均认识到二次元游戏的商业价值。据华经产业研究院统计，按照发行口径计算，2020 年国内二次元手游市场腾讯占比 21.8%，网易占比 21.5%，米哈游占比 21.3%，哔哩哔哩占比 14.4%，鹰角占比 7.1%，叠纸占比 5.5%。截至 2022 年底，《原神》展现出超长的生命周期，预计其在二次元游戏市场收入中的占比将进一步提升。

《原神》带领着二次元游戏从小众赛道跻身大热项目，也隐含了国内游戏生产机制的转变。我们将国产游戏的生产模式划分为项目制与流量制两类，项目制是指高举高打的生产模式，花费较长的时间与投资集中于个别游戏项目，以头部项目带动整体营收；流量制则是指快速复制的生产模式，买量及营销费用的占比较大，产品呈矩阵式投放，数量较大而生命周期较短。《原神》之前，相当一部分的游戏公司会选择流量制的生产模式，游戏产品矩阵可以平滑不同年份之间的波动，更具稳定性；《原神》之后，部分厂商开始意识到，真正头部的 S+ 产品的盈利能力要远超多款 A 级产品盈利能力的总和，于是开始向项目制转换。更重要的是，《原神》揭示了年轻游戏玩家的消费能力，游戏用户的代际切换迫在眉睫，未来只有能适应 Z 世代玩家的游戏产品才能够取得商业化胜利。

三、泡泡玛特：重新定义潮流玩具，二次元文化再泛化

从 B 站、《原神》讨论到泡泡玛特，二次元仍然是底色，

但文化内涵与用户圈层已经逐级拓展，因此我们将主语"二次元文化爱好者"升维至"Z世代用户"，此处想要讨论的是，以泡泡玛特为案例，潮流文化（本质上也是二次元文化的一种泛化）是如何与Z世代用户天然契合并逐渐由小众走向主流的。

潮流文化能够崛起在当下，是因为Z世代独特的消费理念与潮流文化不谋而合，且他们更注重精神消费。随着Z世代成为大众娱乐和消费的中流砥柱，曾经的圈子文化大有成为主流文化之势。Z世代的消费特征包括：（1）悦己型消费：消费更加注重自我满足感与成就感的达成；（2）个性表达需求：成长于互联网环境，更有独立思考能力和个性化主张，潮流文化与Z世代渴望个性表达的特质契合；（3）渴望归属感：Z世代成长环境优渥、孤独，寻求同好动机更为强烈，潮玩能满足其陪伴心理与社交需求，圈层消费潜力不断释放。

潮玩是具备艺术观赏性与话题性的文化消费，市场前景广阔。潮玩脱胎于艺术，能够满足Z世代的精神消费需求。受益于粉丝群的专注且日益壮大、可支配收入的增加、潮流文化产业的迅速发展及更多优质潮玩IP的成功孵化，潮玩市场规模增长迅速。根据弗若斯特沙利文公司（Frost & Sullivan）数据，中国潮玩市场规模由2015年的63亿元增加至 2019 年的 207 亿元，复合年增长率为 34.6%，预期 2024 年将达到 763 亿元。盲盒是国内潮玩行业最先跑出的品类，其价格更为亲民，打开了单价在 40—80 元的潮玩中间消费层，通过产品设计实现艺术品与大众消费品的嫁接。未来盲盒市场规模中性预期下有望打开百亿空间。

泡泡玛特成立于 2010 年，在北京欧美汇购物中心开了第一家门店，创始人王宁在大学期间就有开格子铺售卖光盘的经验，泡泡玛特成立之初选择的商业模式是像日本杂货店 LOFT 一样售卖潮流产品。2011 年，团队创办了"淘货网"，想从互联网切入，成为小商品店的供货商；同时由于门店经营困难，开始考虑将泡泡玛特做成加盟品牌。2012 年，泡泡玛特通过淘货网融资结识了天使投资人麦刚，麦刚却更看好线下零售连锁店，并提供了 200 万元规模的天使投资，这给了团队极大的信心，坚定了泡泡玛特不做加盟、坚持直营的决心。随后泡泡玛特又拿到了几轮融资，门店也逐渐扩张，2014 年泡泡玛特拥有 8 家线下门店，在北京王府井 apm 购物中心推出第一家 Lifestyle 概念旗舰店；次年，泡泡玛特在北京金融街购物中心的门店开业。这在一定程度上说明泡泡玛特的品牌被商场认可，走过了草莽阶段。

2015 年，泡泡玛特代理 Sonny Angel 系列潮流玩具产品，这个来自日本的 IP 相对成熟, 拥有大量的粉丝。Sonny Angel 的引入为泡泡玛特的业务带来快速增长, 其销售额占据泡泡玛特主营业务收入的 30%—40%, 这款产品采取盲盒模式, 具有极高的复购率。Sonny Angel 的成功给泡泡玛特带来了启发, 公司开始开发盲盒产品。

先前由于采用代理经销模式, 泡泡玛特作为渠道商利润率低, 不仅受制于人, 而且与顾客缺乏连接, 公司的发展一度陷入瓶颈。在直营压力下, 公司开店越多, 亏损越多, 2014 年的 8 家线下门店中, 除 1 家天津门店盈利外, 其余 7 家北京门店全部亏损。因此泡泡玛特开始尝试推出自营产品, 与众多 IP 签约。2016 年, 泡泡玛特获得 Molly 大中华区独家代理权, 这是公司迄今为止最成功的 IP。过去 Molly 每年只能出 1—2 个系列产品, 和泡泡玛特签约后, Molly 的设计师一年可以做更多系列, 打造更多的 Molly 形象。设计师只需要画出草图, 后续所有的 3D 设计、供应链对接、生产、包装、销售, 全部由团队完成。

Sonny Angel 的启发和 Molly 的发掘助推泡泡玛特进入发展的快车道。2016 年, 泡泡玛特推出潮流玩具社区电商平台 "葩趣 App", 聚集了众多潮玩重度玩家。2016 年 6 月, 泡泡玛特正式入驻天猫商城, 开始铺设线上渠道, 线上线下的结合拓宽了其销售渠道，可触及更广的消费群体。2017 年 1 月，泡泡玛特成功登陆新三板；同年，泡泡玛特推出互动式无人销售终端——机器人商店业务。2017 年，泡泡玛特举办北京国际潮流玩具展，是国内首个真正意义上的大型潮玩博览展会，此后每年泡泡玛特都举办北京、上海潮玩展。2018 年，泡泡玛特成立海外事业部，加快海外布局。2019 年，泡泡玛特推出 Dimmo、Pucky、The Monsters 等销售过亿的自有／独家 IP，走出单一 IP 依赖。2020 年，泡泡玛特在港交所上市。

潮玩赛道背后是 Z 世代消费人群的崛起，未来具有广阔的市场前景。作为引领行业的龙头企业，泡泡玛特已建立了覆盖潮流玩具全产业链的一体化平台，竞争壁垒明显。已聚集的 IP 优势、可复制的商业化经验、对合格代工厂的议价能力、零售渠道占据优质区位的能力、在国内潮玩行业的品牌力与号召力等形成正循环，有望将更多资源笼络在泡泡玛特的体系中。

泡泡玛特是国内潮流玩具的引领者，也将国内潮流文化的发展推向了高峰。潮玩一开始是小众的，但随着喜爱潮玩的群体的扩大和潮玩市场的不断增长，原本小众的潮玩逐步走向了大众和流行。泡泡玛特之于潮流玩具，正如 B 站之于二次元垂直社区、《原神》之于二次元游戏。小众文化及产品从小众走向大众，从非主流走向主流，需要行业引领者的强力带动。当然，行业引领者也并不生来就是"头号玩家"，在从小做大的过程当中会遇到传统力量的绞杀，也会面临商业模式的迫切创新，但最终往往是新潮的取代传统的、新兴的战胜守旧的。新领域的巨头来源于新力量，新力量突围成功后再面对传统力量的围攻。

第四章

场景时代：改变人的时空观

场景遵循双重策略，不能只是供给方的自我陶醉或孤芳自赏，其最终的价值与意义，是给用户提供一个不曾了解的新世界。用户体验场景的意义，以及与体验相伴而生的强烈的情感刺激，随着意义的加深而被带入一种情感的极度满足中；一个场景接着一个场景去打动用户，试图改变人的时空观。

元宇宙较之于移动互联网，升维至 3D 立体时空，增加了触觉等维度的感官体验，能用解释性或情感性语言来粉饰逻辑裂缝，动机模糊、情感无端的实操空间将被明显压缩。

元宇宙带来了硬件革命，从另一角度设计我们的硬件：DNA。要知道，人类的 DNA 信息在过去 5 万年里并没有发生显著的变化。在中国，元宇宙或许更侧重数字化一切；而在全球范围内，一定是新硬件主义和人的时空观的改变。

第一节
元宇宙时空观：柔性的时间与延展的空间

从现实世界与虚拟世界关系的角度理解，元宇宙具有跨越现实世界与虚拟世界而存在的特征。风险投资家马修·鲍尔（Matthew Ball）认为，"在元宇宙里将有一个始终在线的实时世界，有无限量的人们可以同时参与其中。它将有完整运行的经济，跨越实体和数字世界"。

元宇宙带来了时间观念的深刻改变。传统的、物理的时间观是绝对的、刚性的，而元宇宙创造的世界是始终在线、实时刷新的，因此时间观也是相对的、柔性的。

传统的时间观主要包括哲学的时间观和科学的时间观。哲学的时间观是指亚里士多德、康德、黑格尔和柏格森等对时间所作的系统论述；科学的时间观则是指牛顿和爱因斯坦分别提出的绝对时空观和相对论的时空观。传统的时间是绝对的、刚性的，特征的集中体现就是时间流逝的单向性。时间总是指向未来，是从过去到现在、再到未来的一个过程，方向不可逆转、中间无法暂停。

而元宇宙创造了一个始终在线、不断刷新的实时数字世界。在元宇宙中，时间可以静止、暂停、重新开始。元宇宙时间与现实时间是不同性质或种类的时间，元宇宙时间使传统的时间观念发生了革命性的变化。在元宇宙中，人是时间的创造者。元宇宙的时间开始于人的创造，终结于使用的停止。元宇宙时间显现的顺序与现实时间一样，也是从现在向着未来展开，但主体可以决定在哪个地方开始、结束和暂停，下次再让暂停的时间继续流逝。

元宇宙时间是对空间的高度压缩，具有同时性与同步性。在元宇宙中，空间与距离可以瞬间跨越，一切都是数字化的，目的地可以瞬间到达，数据可以瞬间被传送，在元宇宙中发布一条信息，可以同时到达全球各处并被所有人接收。2021年4月24日，美国著名说唱歌手特拉维斯·斯科特（Travis Scott）在《堡垒之夜》（Fortnite）游戏的全球各大服务器上开了一场名为"Astronomical"的大型沉浸式演唱会，共吸引了超过2 770万名玩家观看。演唱会中，斯科特变成了巨人在"地平线"上边唱边跳，玩家们的数字分身则在演唱会场地上激情热舞，仿佛在现场观看和参与互动。对全球玩家而言，在同一时间同步参与一场演唱会，这是只有在元宇宙中才能够做到的事。

在狭义相对论中，时间具有相对性，需要先选定参考系再谈如何丈量。时间本身有快慢之分，爱因斯坦说：当你在一个漂亮女孩旁边，你会感觉时间过得特别快；当热天在一个火炉旁边，你会觉得时间过得特别慢，这就是相对论。在元宇宙中，时间是可以被放大、被延展的。一方面，人类在元宇宙中的生存是数字化生存，意识在元宇宙中经历的时间与肉身在物理世界经历的时间是不一样的维度；另一方面，元宇宙赋予人类以意识形态的形式永生的技术基础，人类得以摆脱碳基肉体寿命的限制，延伸生命的跨度。

相应地，元宇宙中的空间也显著区分于现实世界的物理空间。现实的、物理的空间是可触碰的、有限的，而元宇宙中的主体部分是虚拟的、数字的，可以创造无穷大的虚拟空间。

物理世界的土地、空间、自然资源是有限的，受限于资源禀赋的约束以及物质守恒定律，物理世界的经济无法实现永续的增长。而元宇宙存在的基本形式是数字，元宇宙的数字特征与现实世界相对，现实世界的物体存在形式是刚性的、实体性的，而元宇宙世界中的物体是软性的、虚拟性的，元宇宙中的空间、人物等，无一不是数字化的存在形态。

如果说现实世界是实体，那么元宇宙就是虚体，它把空间压缩到极小的程度，几乎不占据空间。也正是由于空间的这种高度压缩性，使得虚拟世界的空间几乎可以无限扩大。

在物理空间中，人们可以通过各种触觉、视觉来感知，形成空间经验。然而，元宇宙的空间经验在技术上需要一种增强的感知手段。空间经验的基础建立在三种知觉因素之上，即视觉、触觉和动觉。这一观点源自现象学——胡塞尔和经验主义者认为，空间经验主要是由视觉和触觉的结合所构成的，动觉对于空间构成也是必要的。

如果把元宇宙空间看作由 VR、AR 等构造出来的技术空间，那么知觉如视觉、触觉与动觉等都需要通过技术手段构建。在元宇宙空间经验中，人类的知觉不单纯是自然器官形成的，而是经过技术增强后形成的体验，也可以把这种体验称为"人工知觉或者技术知觉"。元宇宙中，虚拟视觉、触觉和动觉共同形成了元宇宙空间经验。

元宇宙在时间和空间两个维度均实现了拓展和延伸。在元宇宙中，时间不再局限于机械化度量分秒的传统时间，还可以是像伯格森所描述的那样纯粹、不可逆的时间。人在虚拟世界中会有与现实世界不同的时间感，时间不仅是一种客观存在，也是一种心理感知。元宇宙中的空间也不再是传统意义上的物理空间，而是高度数字化、信息化、可复制的空间。元宇宙可将虚拟与现实的物体相互融合，向外延展出多维度的空间。

元宇宙不仅带来了时空观念的深刻变革，而且会对人类的生存方式产生巨大的影响。数字分身、虚拟人的出现使得元宇宙重新定义了人与时空之间的关系，个体在元宇宙中获得了空前的自由。人的生存空间也得到了空前拓展，从单一的自然宇宙扩展到虚实并存的双重宇宙。人类可以不再受限于单一的物理时空，能够实现同一时间、不同空间的多任务处理，栖居于元宇宙世界中的多时多地。

第二节
人的数字化生存：数字 DNA 的进化与人机共生

美国学者尼古拉斯·尼葛洛庞蒂（Nicholas Negroponte）曾在《数字化生存》（*Being Digital*）一书中指出："人类的每一代都会比上一代更加数字化。"元宇宙不仅与技术和产业有关，它更与人类的生存息息相关，这也势必会引发人们一系列对于人类命运的思考：人类的未来是否会沉溺于元宇宙世界之中？元宇宙中的数字分身是否会永久留存？元宇宙中的虚拟人又是否能够实现对自然人的生命延展？当身体和意识不断在元宇宙世界所提供的综合环境中沉浸交互，人类的思维能力也将伴随着"具身化"实现思想上的跃迁。

元宇宙是未来人类的数字化生存空间。回望过去20年，互联网已经深刻改变人类的日常生活和经济结构；展望未来20年，元宇宙将更加深远地影响人类社会，重塑数字经济体系。元宇宙联通现实世界和虚拟世界，是人类数字化生存迁移的载体，能提升体验感和效率，延展人的创造力和更多可能。数字世界从物理世界的复刻、模拟，逐渐变为物理世界的拓展和延伸，数字资产的生产和消费、数字孪生的推演和优化，亦将显著反作用于物理世界。

生物与数字融合衍生出的数据智能有望继基因及文化后成为第三条递归改善路径——数据智能增强人类，人机共生/协同在中外科技前沿都落座于生物智能与数字智力的合并、生物特征与数字信息的融合。生物与数字的融合，本质上是用智能去增强人，我们需要将此视为一个优化过程、一个引导未来进入某种特定配置的过程。基因驯化人，文化感染人，人机协同增强人，数字信息已经达到了与生物圈信息相似的程度，呈现指数增长且复制高度保真；数字信息通过差异复制，通过人工智能表达，并且已经有了无限的重组能力。

人工智能专家杰弗里·辛顿（Geoffrey Hinton）说，神经科学家已经知道一些大脑运行的事实，却还不了解其计算原理。如果我们真的能理解大脑是如何学习的，懂得它、模仿它，甚至制造它，它就会产生类似 DNA 结构在分子生物学中的那种影响。

关于人机共生／协同，我们特别关注特斯拉和 Space X 的首席执行官埃隆·马斯克（Elon Mask）所开创的 Neuralink。这家公司旨在通过人脑植入，实现人脑和计算机之间的无线连接，Neuralink 重点在于创建可植入人脑的设备，最终目的是帮助人类跟上人工智能的进步。关于 Neuralink 建立的意图，马斯克曾经在一次演讲中说道，随着时间的推移，我们可能会看到生物智力和数字智力的合并，它主要是关于宽带、人的大脑和数字化版本的自己之间的关联速度，尤其是在输出部分。此后在迪拜举行的世界政府峰会上，马斯克也强调了人机共生的重要性，他认为人类需要与机器相融合，成为"半机械人"，才能避免在人工智能时代被淘汰。

脑机接口（BCI）将成为一种可能的增强人类的方式。根据一般性的理解，脑机接口可以将神经元的电信号转换成可以处理、执行不同类型的输出的信号，它也被称为神经控制接口（NCI）。一般来说，在这项技术中，设备会获取大脑信号并分析它们，然后将这些信号转换成相应的输出。通过脑机接口设备，有一种可以实现的可能性是把情感、认知体验的神经元信号转化为特定的输出信号。然而，侵入式的脑机接口设备会对健康大脑造成什么样的影响，这一点并没有被揭示出来。所以，这种方式主要表现在科幻题材作品中，现实应用会遇到非常大的阻力与伦理难题。

人机共生或协同不仅能够增强人类认知能力，也可以用于治疗癫痫或重度抑郁症等疾病。从疾病治疗入手是马斯克惯用的打法——先从人们生活的实际问题入手，SpaceX 和特斯拉遵循的都是这个逻辑，先从近期能够解决的问题入手，如火箭发射、电动车、太阳能电池等。在医疗领域，电极阵列和其他植入物被用于帮助改善帕金森病、癫痫症和其他神经退行性疾病的影响。

生物与数字信息潜在共生将达到一个临界点——数字 DNA 的进化。这种融合的其中一种可能走向，就是将产生一个更高级别的超级有机体——元宇宙。

元宇宙世界意在打破虚拟和现实的边界并将二者融合，

在元宇宙所呈现出的虚实相融的环境之中，人的感知范围不再局限于自身所处的时空，人类也将会尝试将自身的思维意识转移至机器人与虚拟人身上，这些与现实世界的巨大差异都将改变人类认知世界的方式。在长期的人机共生／协同的作用下，原有的人机对立等思维将可能逐渐消解，人类对机器人、虚拟人的身份认同感日益增强，虚拟与现实、人与自然、人与机器人、人与世界的关系被重新思考与定义。

第三节
场景时代：人或人的化身穿梭于
边界模糊的虚实空间

场景是各类新的时空，包括时间与空间两个维度。在当前的元宇宙实践中，构造应用场景成为非常关键的一个举措。我们认为场景是时间与空间的横截面，发生的必要条件包括人及人的化身、虚拟世界与物理世界的融合，以及可拓展、可延伸的时间与空间。场景与体验相伴，供给方供给用户一个不曾了解的新世界，让用户体验到异域之情、离奇之叹；

同时使用户重新发现自己，收获另一种体验。

在本节中，我们选取了生产、消费、娱乐、教育、办公五个角度，畅想未来的不同场景在时间与空间两大维度将如何重塑人的体验。

一、生产场景：变革生产模式，提升生产与创新水平

元宇宙构建了一个由实向虚的数字世界。它可以高效地将现实世界中产生的问题映射到元宇宙世界中，在元宇宙中快速找到最优解，再将其部署回现实世界，从而减少现实世界中的问题纠查和试错环节，进而缩短研发周期、提高效率。进入元宇宙时代，工业产品的信息将发生巨大的变化：从信息化到数字化，信息将更加精确，信息的完整性、时效性都将大幅度提升；从二维图纸到三维模型，从静态模型到运动模型，从抽象数据到仿真模型，依托互联网、物联网、移动网络等技术，实现从数据孪生到信息物理系统，进而到实时性的远程仿真、操控、维护……协同生产将成为主流的生产模式，并将极大地提升生产水平乃至创新水平。

数字孪生、数字工厂被看作元宇宙工业制造场景的初级落地，随着技术应用进步、场景内容丰富，先落地场景的应

用反馈将不断加速元宇宙产业场景的发展进程。元宇宙数字
工厂、系统自动运算加人工调优，可以赋能现实工厂的工艺
设计、排产计划、生产流程、员工交流、个性化定制、设备
和系统维护等环节，通过一系列的虚实交互数字手段，高效
地改变工厂的生产模式和员工工作、生活、交流的方式。

在生产中，元宇宙世界可以实时映射出现实世界中的各
个生产流程，现实工厂和工厂元宇宙同步运行，远程监控并
实时调整车间的生产状态，让生产链条的配料、生产、质检
和数据采集等都能依照元宇宙世界中的指令运行。而在生产
完成后，还可在元宇宙中操控智能物流系统和智能仓储系统，
实现根据订单状态完成产品无人分拣、智能搬运和智能仓储
等流程。

届时，元宇宙中的产业不仅将重塑人与生产之间的关系，
还将重新定义产业中从业人员的能力要求乃至组织形态。如以
"擎天柱"为代表的人形机器人有望进一步取代工厂中的一部
分工人，主要的推动因素包括但不限于人力成本上升、少子化
带来的劳动力规模下降等。我们可以将这类机器人概括为智能
机器人，其外在形态不一定为人形，可以针对场景进行调整，
但本质均为依赖人工智能赋能大脑以完成实时感知、决策的智
能交互硬件。相较于人而言，智能机器人能够在危险场景下工

作，或者能够完成一些超过人体机能极限的任务。随着这类智能机器人的数量进一步增加，员工减少，企业的组织架构必将迎来一轮新的重塑，体现在企业的经营中为人力成本等费用项转化为机器人等固定资产项目的折旧摊销。

二、消费场景：更注重精神消费，货币在虚拟与真实世界之间流通

Z 世代是移动互联网的原住民，也将会是元宇宙时代的首批新移民。Z 世代对自我认同的需求非常强，对精神层面的追求远高于对物质层面的追求。同时，Z 世代的消费意识与消费能力都很强，数字化消费普及的难度较低。第三方咨询机构艾媒咨询的调研数据显示，受访网民都有听说过"元宇宙"，其中近五成的网民"比较了解"，15.9%"非常了解"。概念的普及降低了消费的门槛。

德勤在《消费元宇宙开启下一个消费时代》报告中指出，"沉浸真实、能力增强则是消费端感知最明显的需求实现和价值创造"。消费者如今在虚拟世界之中逐步复制他们在物理世界的消费习惯，比如拥有数字土地、汽车以及艺术品。数据显示，一座数字房屋的平均价值为 7.6 万美元，一件原创艺

术品的平均价值为 9 000 美元，数字设计师手袋的价值超过 2 900 美元，售卖虚拟球鞋和收藏品的虚拟时尚公司 RTFKT 在 7 分钟内创造了 310 万美元的销售额。

当然，顺畅消费的前提是货币的流通，尤其是虚拟货币的流通。在这里，我们聚焦的是如何实现虚拟世界与现实世界之间货币的流动。

元宇宙的经济体系大概率需要借助区块链进行构建，区块链上的时间与空间均是全息的、同步的，其不可篡改的特性从根本上改变了中心化的信用方式。元宇宙居民使用数字货币购买数字商品、数字藏品、数字音乐、数字游戏等。结合线上与线下实现虚实共生的消费，推动传统商业实现新消费时代的变革，元宇宙的消费场景能够更大幅度地提升消费者的体验感。

三、娱乐场景：重塑娱乐商业模式，真正做到沉浸式、互动式

游戏所构建的虚拟世界是元宇宙的先行探索。2016 年，罗布乐思（Roblox）宣布将登陆 Oculus Rift 平台，用户可以在平台上设计自己的 VR 游戏世界和体验。2019 年 9 月，

Facebook 发布 VR 社交平台 Horizon，2020 年 8 月推出公开测试版，用户可以在其中构建环境和游戏，与朋友进行社交。

游戏与元宇宙均需具备以下要素。

第一，虚拟身份。游戏与元宇宙均给予每个玩家一个虚拟身份，例如用户名与游戏形象，玩家可凭借该虚拟身份体验游戏、进行社交。当前游戏或社交平台与现实世界相区隔，是现实生活的附属品与补充；而元宇宙与现实世界属于平行关系，身处元宇宙与现实世界并无本质差异，未来人们将有权决定现实世界与元宇宙在自己心目中的主次地位。

第二，真实、沉浸的社交系统。游戏中的社交系统在一定程度上消除了地域的限制，但真实感、沉浸感均不足。基于元宇宙所构造的虚拟世界，将带来与真实世界无二的社交体验。

第三，独立、开放的经济系统。玩家使用游戏货币进行购物、售卖、转账甚至提现，玩家的游戏行为时时刻刻影响着游戏内经济系统的平衡。相较于游戏，元宇宙将拥有更加独立、开放的经济系统，去中心化的治理将所有生态用户作为命运共同体连接在一起。

除了游戏之外，演唱会、音乐会、文化旅游等娱乐方式也会从线下搬到线上，在吸引到足够多的用户之后必然催生新的商业模式。借助 VR、AR 等虚拟或增强现实的技术，玩家可以尽可能地在虚拟世界中还原现实世界的娱乐体验，并且能够与朋友、家人跨越时间与距离的障碍，同步体验与交流。

四、教育场景：情景化、沉浸式教学，线上与线下互通

线下教学长期存在情感刺激匮乏、知识获取水平低、师生互动性差、跨学科协作不足等问题，难以培养学生的自我意识和自主学习习惯。基于虚拟现实、增强现实、混合现实等数字技术构建的元宇宙，在脑机接口、物联网与可穿戴设备的支持下，可实现虚拟与现实的深度融合，将极大拓展教与学的时空边界。传统的校园、教室和实验室等，将转变为虚实一体、线上线下融合、以学生为中心的新型教学环境。

未来的学习方式不再是单一的听课、读书，而是教学环境、教学资源与学生们的互动，师生还可以以虚拟化身的形式开展感官同步的线上教学。

教育元宇宙的虚拟世界既可以是真实世界的孪生，也可以由师生使用 AI 自动生成或手工构建。教师、学生、管理人员作为教学活动的参与者或组织者，通过虚拟化身沉浸于教育元宇宙中，自主地创建、参与教学活动，自然地响应虚实

世界的教学行为，突破教学过程中物理规律和地理空间的束缚，实现信息在虚实世界的双向传递。

教学本质上是人与人之间的互动。教育元宇宙的虚实融合等特征，在创设教学情境、丰富课堂互动、创新教学资源、实施精准评价、激发学习主动性方面优势独特，在情境化教学、个性化学习、游戏化学习和教师研修等教学场景中的应用潜力巨大。例如语言学习应用程序多邻国宣布推出Duolingo Max 订阅服务，该服务整合了 OpenAI 最新发布的GPT-4 大型语言模型，并为订阅用户提供 Roleplay 功能，使用户在学习中能够享受到为其提供的专属情景对话体验，这距离提供千人千面的个性化语言学习服务又进了一步。

五、办公场景：办公体验真实化，远程时代到来

微软通过在 Teams 办公软件中植入虚拟体验协作平台Mesh，已经实现以虚拟身份与在线空间的同事共享办公。Meta 也借助办公软件 Horizon Workrooms 和 VR 设备，让用户可以将自己的办公桌、电脑和键盘等带进虚拟世界中办公。

新冠疫情在一定程度上改变了人们的办公方式，远程办公、在线协作成为常态。根据 CNNIC 数据，2020 年 12 月，我

国远程办公用户规模达 3.46 亿人，较 2020 年 6 月增长 1.47 亿人，占网民整体的 34.9%。后疫情时代，越来越多的企业建立起了科学完善的远程办公机制，企业微信服务用户数从 2019 年的 6 000 万增长到 2020 年 12 月的 4 亿，钉钉企业组织数量超过 1 700 万，在线办公使用率由 2020 年 6 月的 21% 提升至 2021 年 6 月的 38%。

但当前远程会议的效果与现场会议仍存在差距，临场感、沉浸感、仪式感在用户体验中大量缺失。"全息虚拟会议"将成为新的发展方向。Meta 在 Connect 2022 大会上展示，戴上特制的眼镜，全息投影的会议室、产品模型、屏幕便统统出现在眼前，参会的同伴也以 3D 形式出现在身边，尽可能模拟和再现真实的办公场景。在元宇宙世界中，3D 分身可以代替演讲者在会议中出现，并通过运动追踪技术实现分身与现实演讲者的动作同步，这种沉浸式的交流方式能够最大限度地还原现实中"面对面"的沟通效果。

总之，场景的本质是切割被元宇宙重塑后的新时空。一个一个接连出现、越来越丰富多彩的场景，将携显著区别于、优越于移动互联网时代的体验，强势打动用户的心，形成对用户时长与可支配收入的抢占。用户永远会选择体验更好的产品与服务，进入更高级别的场景。

第五章

八大场景：技术、模式、底层逻辑

第一节
虚拟现实与人机共生

第三次工业革命约自 20 世纪中叶起，以计算机、航空航天、原子能的发展为代表，是工业时代和信息时代的一个分水岭。在此之前，世界上最重要的产业是机械和机电产业，而在此之后则是信息产业。每一个时代都有着自己的科学基础、方法论以及企业管理办法。具体来讲，从工业革命之前一个世纪开始一直到第二次世界大战之前，科学基础是以牛顿力学为代表的经典物理学，对应的方法论是机械论。而到了信息时代，方法论则是被称为"三论"的控制论、系统论和信息论。

在西方的思想史上，牛顿是个划时代的人物。在其之前，人类对很多自然现象都无法认知和解释。直到 17 世纪末，牛顿与同时代的其他科学家，以他们的科学成就告诉世人，世界万物是运动的，而且这些运动遵循特定的规律，这些规律又是可以认识的。当时的著名物理学家罗伯特·波义耳（Robert Boyle）博采众家，创建了机械论哲学。

机械思维最大的特点是确定性和可预知性，在牛顿、波义耳等人看来，世界上一切规律都像机械运动规律那样，是确定的、可预测的。

工业时代的发明创造受机械论思维方式的影响非常深刻。此前，人类的重大发明大抵遵循"从劳动中获得经验，再根据经验改进工具"的过程，然而这个改进的周期过于漫长。18 世纪 70 年代，英国发明家詹姆斯·瓦特（James Watt）基于机械论的思想，主动改良蒸汽机，最终掀起了第一次工业革命的浪潮。在瓦特之后的一个多世纪中，发明家们认为一切都是可以通过机械运动来实现的，标准化零件以及标准化的流水线可以批量生产符合要求的工业产品，这一理论也贯穿了第二次工业革命。

每个时代都有其各自的特点，有相对应的方法论和企业管理哲学。工业时代，企业的管理哲学与其生产过程的确定性是相适应的。1911 年，美国的科学管理之父弗雷德里克·温斯洛·泰勒（F. W. Taylor）在其著作《科学管理原理》（*The Principles of Scientific Management*）中，总结出了一套适合工业社会的管理经验，可以概括为四个方面。

- 效率优先：是泰勒管理学理论的核心，通过优化流程和标准化管理来提高生产效率。

- 同构的树状组织结构：是关于企业组织结构的设计，完全是为了适应自上而下将产品分解为大小任务的做法。这带来了两个好处，一是责权分明，方便绩效考核；二是容易培养熟悉自身业务的管理人员。

- 可预测性：这符合机械思维的一个重要特点，即在发现普遍规律之后，只要将其应用到具体场景，便能够预知结果。

- 人性化管理：泰勒将整个工厂变成大机器的同时，也将工人变成了大机器上的零件，为了发挥工人的工作积极性，给予其物质刺激，包括发放奖金与福利。

机械论的这种确定性与可预测性带来了效率的提升与工业的繁荣，泰勒的这一套工业时代的企业管理经验对工业社会的发展起到了促进作用，如今在很多的现代组织中仍有泰勒科学管理学说的痕迹。但随着时代变迁，人类进入信息时代之后，泰勒的诸多企业管理经验已不适用。比如，泰勒的过程优化是有前提的，那就是复杂的产品一定可以分解为简

单的部分，且一切结果都是可预知的。但是对于今天的很多
IT 产品和服务而言，预测的准确性和可能性大大降低；且在
后信息时代，泰勒这种较为固定、边界清晰的管理方式，难
以适应生命周期短、失败率高的 IT 行业。

信息时代需要新的科学基础和方法论，几乎在电子计算
机出现的同时，信息时代的方法论也应运而生。1948 年，对
现代科技和工业发展影响深远的方法论诞生，分别为控制论、
信息论和系统论。

· 控制论

诺伯特·维纳（Norbert Wiener）于 1948 年正式提出控制
论。控制论研究的是在一个动态系统中，在有很多内在和外在
不确定因素的情况下保持平衡状态的方法，其思想核心是根
据结果和反馈不断进行调整，这与强调因果确定性的机械论有
着截然不同的思维方式。由此看来，并不是说计划与预测不重
要，而是在信息化、数字化的当下，反应比预测更重要，应少
作预测，多作反应。

· 信息论

1948 年，克劳德·香农（Claude Shanno）发表了划时代的论

文《通信的数学理论》(*A Mathematical Theory of Communication*)，奠定了现代信息论的基础。信息论本质上是关于通信的理论，而通信所传输的则是某种信息。与机械论建立在确定性的基础上截然不同的是，信息论建立在不确定性的基础上。香农引用了热力学中"熵"的概念来描述不确定性，用量化的方式度量信息。在系统中，不确定性越大，熵就越大，想要消除不确定性，就要引入信息。比如谷歌的互联网广告，通过引入用户信息，来解决广告投放的不确定性，从而尽可能地做到精准投放。

· 系统论

路德维希·冯·贝塔朗菲（Ludwig von Bertalanffy）的重要贡献之一是建立关于生命组织的机体论，并由此发展成一般系统论。在工业时代，一辆汽车有大大小小3万多个零件，通过优化各个零部件从而促使整体达到最佳状态，这是典型的机械思维。而今天计算机处理器的复杂度比工业时代的产品要高出几个数量级，且产品产生的数据量巨大，无法通过对局部的优化而实现整体优化。整体的性能未必能通过局部性能的优化而优化，这便是系统论的要义，强调了整体的重要性，即"整体大于局部"。

综上所述，不确定性是我们这个时代固有的特征，信息时代和机械时代的区别在于，前者有了信息这个工具来把握不确定世界的规律。今天，人们将系统论、控制论和信息论一道称为"三论"，它们构成了信息时代的科学基础，深刻影响了人们认识世界的思维方式。

在过去的半个多世纪里，计算机背后的数学、摩尔定律是世界科技和经济发展的最强动力，几乎贯穿了整个信息时代的发展。摩尔定律既可以被解读为半导体芯片（处理器、存储器等）性能的提高，也可以被看成处理同样的业务所消耗能源的降低。

信息技术的变革仍在进行中，尤其是进入 21 世纪之后，移动互联网带来了信息和数据的暴增，且原来各个不同领域的数据可以关联起来，这就产生了我们所说的"大数据"。但是进入大数据时代之后，根据控制论，很多数学问题是无解的，甚至没有办法去判断能否有解，且规律越来越不可预测，不确定性大大增加，未知的世界是巨大的。另外，根据信息论，香农还揭示了一种衡量信息的方法——使用能够消除不确定性的多少来衡量信息。信息的核心是"减熵"，这是以大数据和机器智能为基础的。

计算机领域的摩尔定律加上大数据，引发了今天人工智能的突破，也导致了人们思维方式的改变。大数据时代的思维是，拥有数据与建立连接更为重要。淘宝促成了更多的卖场和客户的连接，也就是卖场的信息化，连接后就会产生大量数据，整个交易每一个环节的数据都被记录在案。微信促成了更多人和人的社交连接，也就是社交场合信息化。①

在人工智能有所突破之前，人类曾试图让计算机模拟人类的逻辑思维来解决智能问题，但被证明了是错误的路径；而此后，人类让计算机根据大量数据的反馈信息自动学习，以解决智能问题，如 AlphaGo 智能围棋、人脸识别、自动驾驶、ChatGPT 等。我们今天常说的大数据思维，其科学基础就是信息论与控制论。

当下，下一代计算平台的实现存在两条技术路径，每条技术路径又存在不同的工程方案，我们无法准确地预测哪条技术路线、哪种工程方案是正确的，其中哪些公司能够成功。我们必须承认各种不确定性，并且利用数据和信息消除它们。对于变化，我们不能过多地依靠过去的经验去预测结果，而是要主动地运用控制论的原理动态地调整我们的工作状态和目标，不断拓宽人可以认知的范围。就目前来看，虚拟现实

---

① 吴军.浪潮之巅［M］.北京：人民邮电出版社，2021：827–874.

与人机共生这两条技术路线双线并发。

从当前技术的发展阶段来看，VR/AR 的技术探索走得相对比较靠前，技术的核心在于提供具有沉浸感的场景与交互体验，使用户无法感知虚拟与现实的边界，因而主要聚焦于光学、显示等技术环节。VR 的路径是将尽可能大的现实世界包裹进 VR 场景中，使其呈现在屏幕上；而 AR 是以真实物理世界为基础，在其上构建虚拟世界。虽然二者各自代表了虚拟世界与现实世界不同的连接方向，但本质都是在模糊虚拟与现实的边界。透过 PICO 4、Quest Pro 等产品来看，用户的沉浸感已经有明显的提升，接下来的重点在于硬件本身向更轻薄的方向发展，即当用户对硬件本身无感后，可能才会真正模糊虚拟与现实的边界。综上，VR/AR 的发展路径相对较为清晰，未来的发展主要在于关键技术的重大突破。

相较于 VR/AR 技术解决方案的进展，混合平台的技术突破相对缓慢。下面将分别讨论脑机接口、人形机器人两种技术路径的现状。

· 脑机接口

脑机接口技术是通过信号采集设备从大脑皮层采集脑电信号，经过放大、滤波、模数转换等处理转换为可以被计算机识别的信号，然后对信号进行预处理，提取特征信号，再利用这些特征进行模式识别，最后转化为控制外部设备的具体指令，实现对外部设备的控制。

典型的脑机接口包括信号采集、信号处理、设备控制和反馈四个环节。在处理各技术环节时还存在技术路径的分歧，目前公认的三类技术路线是侵入式、半侵入式、非侵入式，其中：

- 马斯克的 Neuralink 是典型的采用侵入式路线的明星公司。Neuralink 在 2019 年宣布采用侵入式方式建立脑机系统，并成功在小鼠身上进行了实验。2021 年，Neuralink 首次在猴脑中植入脑机接口芯片，让这只猴子在没有游戏操纵杆的情况下，仅用大脑意念在电脑上打乒乓球。

- Synchron 选择了一条折中的技术路线——半侵入式脑机接口技术，将装置植入颅骨内部的脑膜外而非灰质内，从而治疗包括肌萎缩侧索硬化症（ALS）在内的瘫痪患者，恢复其某些机体功能。2022 年 7 月，美国人体临床试验项目的首位患者在纽约植入了 Synchron 脑机接口，已经能让患者利用脑皮层电图（ECoG）反馈与控制平板电脑，凭"意念"移动屏幕上的光标发短信和浏览新闻。

整体来看，脑机接口的发展涉及多个方面，包括生物科学、神经学等领域，对脑电的机理、脑认知、脑康复、信号处理、模式识别、芯片技术、计算技术等各个领域都提出了新的要求，依赖于对大脑结构和功能的认识，当前仍处于较为初级的阶段。

在某种程度上，VR/AR 的技术路径与脑机接口可能是殊途同归。目前 VR/AR 设备主要以头戴式为主，其未来的目标是做到足够轻薄，如果做极致的推演，可能就只有芯片般大小与身体连接。这与脑机接口的思路本质是一样的，都是借助外部计算机设备来增强人类的能力，或者都可以看作硅基生物和碳基生物的融合，从而打造超强人类，让人脑进一步自然延伸。

目前脑机接口技术主要应用于医疗康复领域，但随着技术能力的提升，其应用场景正在不断拓展，例如测谎、游戏娱乐、身份识别、虚拟世界导航等。麦肯锡研究院报告分析预测，未来 10—20 年，脑机接口产业在全球范围内每年直接产生的经济规模可达 700 亿—2 000 亿美元，市场空间广阔。未来技术公司或将通过脑机接口，为人类提供视、听、触等多方面的体验，让用户能真正做到身临其境，最终实现客观现实世界与虚拟世界的自由切换。

· 人形机器人

人形机器人的本质是人工智能内核叠加适应外部场景的硬件形态（或者人物形象），其主要依赖于人工智能的支撑。人形机器人的实现可以大体划分为感知、决策规划、运动控制三个模块，其中感知层相当于"眼睛"，帮助人形机器人理解所处的外部环境，因此感知模型的输出是基础；基于准确、可靠的感知输出结果，决策规划模型相当于"大脑"，对机器人的任务进行拆解，并给出行动及执行轨迹预测，筛选出最优运动轨迹输出给运动控制模块；获得行动轨迹后，运动控制模块将其分解为身体的平衡及各个关节的联动，最终体现为相应的动作。

整体而言，人形机器人的技术路径较为清晰，以特斯拉人形机器人的范式为参考，主要是利用通用大模型、超算中心使机器人具备更强大的"智能"，并能做出接近于人类的思考和行动。

我们将人形机器人看作一种人机协同／共生的方式，更多是基于它们是元宇宙时代在现实物理世界不同场景下对应的分布式垂类硬件，它们以机器人为载体，承载了人经过元宇宙虚拟世界后所产生的情感需求，或者是数字人在现实物理世界的真实投射，因此我们可以将其看作完全与个人独立的硬件，这也是其与 VR/AR 硬件、脑机接口最大的不同。

第二节
to B 规模化后 to C

以计算机、人工智能、云计算、大数据、区块链、虚拟现实等为代表的硬科技，在发展早期主要先在 B/G 端落地应用——先提高整个社会的平均产出效率，再随着关键技术的突破、成本的降低，开始普及到 C 端用户。之后随着技术成本的进一步下探，最终在 C 端实现规模化落地。

这是因为，比发明更难的是经营推广问题，即谁买单的问题。新技术的研发成本非常高（包含试错成本），个人用户无法承担高昂的价格，早期的采买者多为有经济能力的企业与政府部门。它们承担着变革者的角色，希望能够在自己的产业中率先采用相关产品，进而获得先发优势。

回顾三次工业革命，核心技术的应用均是依循上述的规律。

　　第一次工业革命的核心技术是蒸汽机。蒸汽机的问世，与其说是一个技术问题，不如说在一定程度上是一个经济学问题。瓦特并非蒸汽机的最早发明者，他的历史贡献在于极大地改良了蒸汽机，提升了蒸汽机的热效率。瓦特在改良蒸汽机的过程中遇到了几个贵人，其中一个是企业家约翰·罗巴克（John Roebuck），罗巴克当时是一位成功的企业家、著名的卡伦钢铁厂的拥有者。在罗巴克的赞助下，瓦特得以有充足的资金继续进行新式蒸汽机的试制。罗巴克还与瓦特签订了一份合同，罗巴克负责向瓦特的债权人偿付 1 000 英镑债务，作为交换，瓦特将未来蒸汽机利润的三分之二交给罗巴克。保尔·芒图（Paul Mantoux）称，这份合同在蒸汽史上开创了一个时代，蒸汽机正是从那个时候走进了实验室。蒸汽机被改良之后，陆续在纺织业、采矿业、冶金业、造纸业、印刷业、陶瓷业等工业部门得到了广泛的应用。

　　第二次工业革命的核心技术是电。19 世纪 60 年代后期，出现了一系列电气发明。1866 年，德国人西门子制成了发电机；到 70 年代，实际可用的发电机问世，它由蒸汽或水力带动就能把机械能变为电能。这一时期，能把电能转化为机械能的电动机也被发明出来，电力开始用于带动机器，成为补充和取代蒸汽动力的新能源，应用于各工业生产领域，带来了社会生产效率的再一次大提升。随后，电话（1876 年）、电灯（1879 年）、电报（1895 年）等产品涌现。其中电灯与我们普通人的生活息息相关，在电灯出现之前大家普遍使用的是煤油灯，其优点是亮度高、燃烧均匀、经久耐用，最重要的是相较于成本高昂的发电和输电设备，煤油价格低廉。因此，当时刚出现的电灯难以和煤油灯竞争，在推广初期遇到了非常大的阻力。后来，各种与电相关的技术进步都在帮助电灯降低成本，同时提高用电的安全性。到了 1893 年，在芝加哥世界博览会上，由西屋电气公司提供的照明系统将万盏华灯点亮，整个会场如同白昼一般，向全世界宣布了电气时代的到来。而国内电灯的普及则要等到 20 世纪初。由此可见，早期电的发明先是应用于 B 端工业生产领域，C 端产品的代表电灯，从出现到走进千家万户也耗费了时日。

第三次工业革命的核心技术是计算机。第一台通用计算机于 1946 年在美国宾夕法尼亚大学诞生，被命名为 "ENIAC"（埃尼阿克），重 30 吨，占地 150 平方米，造价 48 万美元，内部装备有 18 800 只电子管。第一代电子计算机因体积庞大、价格昂贵，只在特定领域使用，如科学计算、军事领域，如 ENIAC 研制的直接目的是满足弹道计算的需求。与计算机相关的其他技术和科学理论，也在第二次世界大战和美苏冷战期间得到了大力发展。从 20 世纪 40 年代后期的第一代计算机到 20 世纪 70 年代的第四代计算机，半导体工艺的进步促进了集成电路的发展，集成电路的集成度迅速从中小规模发展到大规模、超大规模的水平，相应地，微处理器与微型计算机应运而生，计算机的性能得以迅速提升。然而从第一台通用计算机诞生直到 20 世纪 70 年代之前，计算机仍然被看作昂贵的专业研究工具，应用领域仍局限于 B/G 端的科学研究、政府机构、工业生产领域。1977 年，Commodore PET（个人电子处理器）与 Apple II 的问世，才开启了个人计算机（Personal Computer，PC）革命，计算机应用领域才开始拓展至家庭端。1977 年，全球的个人计算机出货量总计大约 4.8 万台，1978 年出货量增至 20 万台，市场规模大约 5 亿美元。但个人计算机的广泛普及仍要等到 20 世纪 90 年代。在摩尔定律下，计算机处理器的性能持续提升，而价格却在不断下降，这一时期微软推出了具备里程碑意义的 Windows 3.0。万维网（WWW）诞生，进而促进了个人计算机的普及，也成就了基于个人计算机的英特尔（Intel）、超威半导体（AMD）、英伟达（Nvidia）等芯片企业。

　　新技术的研发与使用成本是所有企业的痛点，更别说让 C 端用户来买单了。计算机产业的发展也是 to B/G 先行，之后技术持续精进、价格持续下探，个人计算机才得以规模化生产，在 C 端普及。当下的元宇宙时代亦是如此，元宇宙投资的六大板块将遵循以下的产业轮动顺序：

- 首先，硬件与内容先行，硬件是第一入口，硬件之上需要有配套的内容相互促进发展，内容则以 VR 游戏、链游等元宇宙初级内容形态为主；

- 其次，底层架构要开始发挥作用，新内容 / 场景的制作、生产、运行、交互，依赖底层架构的大力升级（游戏引擎 / 工具集成平台等）；

- 再次，随着底层架构的升级带动数据处理的量级大幅提升，后端基建与人工智能才能真正发挥大的功效，在数据洪流下，即物理世界充分数字化后，人工智能的作用将越来越大，人工智能不仅依赖于底层架构与数字基建的完善，也非常依赖于内容与场景的丰富程度，此时 AI 将替代或辅助人去发挥建设性的作用，成为元宇宙中的核心生产要素；

- 最后，落脚到内容与场景，相较于其他板块，内容与场景的变数最大，元宇宙将会催生出远超我们当下预期的新内容、新场景、新业态，重塑内容产业的规模与竞争格局；

- 过程中有大量繁荣整个生态的技术方、服务方，协同于每一轮的轮动。

　　根据上述的推演，我们认为元宇宙产业的发展大致遵循"硬件入口升级—用户初步扩容（量变开始）—配套底层技术与内容持续突破—硬件进一步升级—内容繁荣、用户规模化增长（产业级质变）"的良性循环。元宇宙的硬件与内容的先行是建立在基础设施逐渐完善的基础之上的，2021年元宇宙的火爆离不开5G、算力、算法、人工智能、渲染等技术的铺垫。2021年，元宇宙的硬件入口销量突破1 000万台，但远未到规模化落地的阶段，C端用户是非常在意用户体验的，用户可以很直观地检验现有硬件与内容的好坏，要求体验升级。伴随着底层技术革新将带来应用领域的全面改造，产业基础更为牢固，量变带动规模效应释放，从而催生大规模产业级机会实现质变。

　　首先是B/G端项目及应用大规模落地。目前元宇宙相关软硬件及基础设施尚处于发展早期，相关建设成本较高，如人工智能算法、三维建模与渲染工具、云端虚拟化等，B/G端是有能力为新技术买单的企业级客户。其中，G端项目预计会优先实现规模落地，原因在于2021年起陆续有地方政府推出支持元宇宙发展的相关文件，以及2022年国家层面出台了支持虚拟现实行业发展的政策。2022年11月1日，工业和信息化部、教育部、文化和旅游部、国家广播电视总局、国家体育总局五部门印发《虚拟现实与行业应用融合发展行动计划（2022—2026 年）》（以下简称《行动计划》）。此文件的意义重大在于，这是党的二十大之后首次针对科技行业的支持政策。此前针对 Web 3.0、元宇宙、VR/AR 行业仅有地方政府产业落地相关文件，尚未有中央层面明确的官方政策指引，此《行动计划》是行业未来 5 年的指导思想和方针。此文件对技术要求、场景应用进行了全面细致的规划，描述非常扎实。在具体发展目标上，到 2026 年，我国虚拟现实产业总体规模（含相关硬件、软件、应用等）超过 3 500 亿元，虚拟现实终端销量超过 2 500 万台，培育 100 家具有较强创新能力和行业影响力的骨干企业，打造 10 个具有区域影响力、引领虚拟现实生态发展的集聚区。

因此，元宇宙相关的产业发展战略窗口期已然形成，未来 5 年预计在大型 B/G 端项目上产生大规模需求。

- 《行动计划》指出的"10 个具有区域影响力、引领虚拟现实生态发展的集聚区"为北京、上海、广州、深圳、江苏、浙江、南昌、武汉、西安、重庆。各地的数字展览馆均为重要的落地场景，G 端元宇宙项目将起到示范及指引作用，这一方面有助于提供元宇宙项目建设的范例；另一方面也可通过政府投资吸引民营资本大举进入，推动技术发展。

- 《行动计划》指出"推进关键技术融合创新，围绕近眼显示、渲染处理、感知交互、网络传输、内容生产、压缩编码、安全可信等关键细分领域"。虚拟现实技术是元宇宙重要技术，将带来显示成像领域的重要变革，但由于技术商用化门槛高，政府将是前期重要客户。

- 《行动计划》指出"培育100家具有较强创新能力和行业影响力的骨干企业"，这其中蕴含了很大的机会，未来会有更多创新企业崛起，促进大型优质to B业务模式企业积极布局相关业态。

其次是从to B到to C的应用逐渐普及，积累量变。大型to B/G项目推动元宇宙技术持续精进，相关成本逐步降低，同时消费者习惯逐渐形成，元宇宙应用开始显现大规模商业化的潜力，厂商开始关注to C内容及技术变现的可能性。随着to B项目的商业模式的成熟，to C项目将逐渐起量且盈利能力开始提升。

最后是to C应用及内容大规模普及，实现质变。随着相关技术、商业化能力进一步加强，to C用户接入元宇宙渠道及终端大规模普及，to C应用及内容具备大规模商业化的潜力，元宇宙将进入普遍繁荣的阶段。

总体来说，我们正处在 AI 与后端基建的景气上行期。2022 年底 AIGC 展现出了非常强劲的活力，AIGC 只是 AI 与后端基建的应用方向之一，其技术支持是 AI。但 AIGC 属于"内容与场景"范畴的应用，背后需要"后端基建（渲染）"和"底层架构（引擎）"的支持。AIGC 是供给形态（可以作为内容、应用、场景、模式等具体形态），供给决定需求，新的供给将带来需求的正反馈，进而拉动 AI 与后端基建。

从产业逻辑上看，AIGC 与虚拟人关联更密切，两者本质上都是 AI。未来，虚拟人是 AI 的定向产业化，包括 AI 生成虚拟人的形象、AI 驱动虚拟人的表情和动作等。因此，我们以当下的虚拟人为例，分析技术与产业发展的趋势。

目前虚拟人的建模方式主要有三种，按照人工参与程度的高低，依次为纯人工建模、借助采集设备进行建模、利用人工智能进行建模；同时涉及相关的软硬件，包括建模软件、驱动软件、渲染引擎、拍摄采集设备、光学器件、显示设备等。

其中，纯人工建模方式人工制作周期较长，且成本非常高，制作一款类似"邓丽君"的虚拟人成本区间为几万元到上千万元；借助采集设备进行建模成本适中、应用广泛，成本区间在几十万元至一两百万元不等，可以应用于游戏、电影（不需要超写实、高精度）等领域；利用人工智能进行建模成本进一步下降，甚至可以低至万元水平，但技术有待提高，尤其是虚拟人的后续驱动。

以上三种建模方式的参与公司可以大致分为两类，一类为传统计算机动画（CG）或图形学公司，其核心技术为"美术"能力，通常更专注于后期技术；另一类以人工智能技术公司为代表，凭借技术进入虚拟人领域，大多专注于智能化生成。

2021年，虚拟人伴随着元宇宙的兴起而备受瞩目，经过了一年的市场教育期，诸多入局方正加速探索可落地的场景。利用人工智能，可以将虚拟人的建模成本降到极低的水平。百度方面表示，自2021年以来，百度为客户开发的虚拟人项目数量翻了一番，而随着技术的进步，虚拟人的开发成本相较前一年下降了约80%，因此价格降低至每年2 800美元到14 300美元不等，3D虚拟人每年的费用约为10万元，2D虚拟人每年的费用约为2万元。

然而，数万元的虚拟人制作费用还不足以让大量的C端用户买单，目前其应用还局限于B端场景，比如以虚拟偶像、虚拟代言人、虚拟主持人、虚拟演员为代表的身份型虚拟人，以及以虚拟带货主播、虚拟客服、虚拟导购等为代表的服务型虚拟人。虚拟人买家的范围也逐渐扩大至其他领域，除了影视娱乐公司，还包括金融服务公司、各地旅游局与官方媒体等。

目前虚拟人的产业化还处于较为初级的发展阶段，入局方中初创公司较多，行业竞争格局还远未成型，从 B 端向 C 端的延展存在着巨大的市场空间。未来可以关注虚拟人行业的以下两点变化。

- 一是相关技术的进步。技术是推动虚拟人应用落地的核心驱动力，目前虚拟人的制作已经不局限于 CG、美工等传统手段，而是涉及 AI 驱动、实时渲染等新技术的运用。人工智能技术是推动虚拟数字人规模化应用的重要基础，以人工智能为代表的技术将决定未来虚拟数字人产业的发展水平。
- 二是制作成本的持续下探。未来想要实现批量化生产虚拟数字人的重要前提是大幅降低制作门槛与成本，促进虚拟人应用从 B 端向广阔的 C 端渗透，让普通人实现"虚拟人自由"。

第三节
"顺人性"跑得快，"逆人性"跑得远

　　前文对场景进行了三个维度的划分，其中从人性的维度可以将产品分为两大类——顺人性产品与逆人性产品。诸如懒惰、贪食、逐利、攀比等都是人性中的一部分，而需要自律的事，比如学习、健身、劳动，往往都是逆人性的。

　　从用户需求的角度出发，什么样的产品能够更容易被用户接受与买单？是顺人性产品，它们往往利用人性中本能的欲望来打造产品，满足人类的低层次需求，以迎合人性。越低层的需求市场越大，比较典型的就是游戏、长短视频、打折优惠等这类产品。供应商通过提供娱乐性的内容与设置一定的机制去尽可能地讨好用户，引导用户沉浸其中并消费。因而，这类产品的用户流量与黏性大幅提高，保证产品持续发展。

　　在印刷机流行的年代，人们善于思考，懂得理性。电视机的流行使得娱乐性极大增强，人们的理性与思考开始减少，人心变得浮躁。而当下互联网的兴起和成熟则对人的影响更深，改变更大。

互联网行业非常善于对产品进行顺应人性的精细打磨，也在一次次的升级迭代中使用户需求得到了极大的满足。用户教育做得太好，导致用户要求越来越高，对满足需求越发急躁与没耐心。互联网时代的产品，越是顺人性越成功、成长越快。

比如外卖与电商顺应了人性的懒惰。美团、淘宝、京东、拼多多等产品快速发展壮大，其中拼多多的成功更是顺应了人性中的逐利本能。

比如游戏顺应了人性的贪图享乐。游戏是最为直接的娱乐体现，其存在的目的就在于放松身心，可是在现实中，不乏有些玩家沉迷其中。正如尼尔·波兹曼（Neil Postman）在《娱乐至死》（*Amusing Ourselves to Death*）中写的："毁掉我们的不是我们所憎恨的东西，恰恰是我们所热爱的东西。"

比如短视频顺应了人性所追求的短期快感，加大了娱乐属性。在信息越来越碎片化的时代，人们甚至懒得去寻找内容，而是被动等待被娱乐化碎片"喂养"。以抖音与快手为代表的短视频异军突起，它们以大数据和算法向用户推荐内容，能够不断把爱看的视频送到用户眼前，占据用户的时间。

逆人性产品则相反，通过产品设计来引导人类克制某些原始的欲望，帮助用户克服自身的弱点，目的是满足人类更高层次的需求，完成自我塑造或实现某种价值。比较典型的逆人性产品有以自我提升为主的教育与健康类产品，以及以自律管理为主的办公管理软件等。

自我塑造、自我提升类的产品往往具备延迟满足的特点。延迟满足就是指控制自己的欲望，牺牲即时的满足感，从而更理智、现实地去规划并获取远期利益。延迟满足的要点在于对短期欲望的控制，以及对理性的、长远的目标的趋向。因此，逆人性产品有两个层次：一是中短期对人低层次原始欲望的"逆"，二是远期对人高层次精神需求的"顺"。

自律管理类产品最典型的是办公场景中的各种应用，这类产品无论从产品策略还是具体的交互设计上，都要做出大量违背人性的决策。公司在人类文明史上是一种非常重要的组织角色，绝大多数公司的目的在于盈利，而提升盈利的其中一个路径就是高效地榨取员工的剩余价值，这本质上就不是一件符合人性的事。而在具体的手段上，为提高生产力水平、提升组织效率、降低成本，出现了考勤打卡、绩效管理、信息过程管控等管理类的应用，这些应用的落地也伴随着学习、习惯、扭转观念的过程。

纵观市场上的应用产品，发展迅速、用户规模庞大的 to C 产品大部分都是顺人性的；逆人性产品发展速度较为缓慢，比如运动、教育、阅读类的应用。相对来看，逆人性产品在 to B 领域发展得较好。

表面看来，顺应人性的生意很容易成功，而对抗人性的生意只能默默无闻，服务小众群体。然而，很多事不是非黑即白那样简单，虽然顺人性产品跑得更快，但逆人性产品跑得更远。

人类自进入信息时代开始，每天都有新技术、新产品涌现，这使得我们的生活变得更加便利。不过，大多数产品往往只是昙花一现，很快便消失在互联网大潮中，而有些产品却能长久流行。为什么有些行业和产品大起大落，有些则历久弥新？

一句话概括：顺着人性走，能让人得到短暂的快感；而逆着人性走，能让人得到更长久的幸福感。

顺人性产品的设计思路是不断满足人类即时的、新鲜的、不需要动脑的多巴胺需求，这类产品的盈利模式核心是通过制造快感来刺激消费者付费。大多数人都倾向于接受能让自己在短期内得到快感的东西，而不喜欢做长期主义的事，因此，顺应人性的产品成长得非常快，很容易成为爆款。而这会带来大量的社会问题，比如娱乐主义泛滥，人越来越不想思考，越来越追求及时享乐。使用这类产品不仅要付出大量时间和精力成本，而且最终可能会牺牲一定的健康和幸福。这样的结果是，在每一个节点上都做出符合人性的选择，从宏观、长远的视角看，却走向了违背人性的道路。

逆人性产品的设计虽然是反人性的，但反的是短期、当下的人性。逆人性产品最大的难点在于拉新与留存用户，然而当用户逐渐接受、理解、掌握、熟悉这些产品之后，长期来看，用户黏性的提升也是非常显著的。就算用户在逆人性的办公管理类应用下工作，被培养出的工作模式、思维习惯也能让其在生活、社交等诸多领域更得心应手。此外，对逆人性产品来说，在反人性的痛苦思考和抉择中，若能够发掘出更符合人性的设计和逻辑，也是一种认知的迭代。

从技术壁垒的角度看，互联网公司通常非常擅长做顺人性产品。大多数公司倾向于做在短期内能够迅速获取流量或赚钱的产品，然而这类产品技术壁垒不高，竞争非常激烈，且这种竞争在中国互联网市场尤其激烈，中国早期的互联网公司利用人性的弱点设计各种产品来获取流量，忽视了消费者的长期利益和市场的良性发展。这些利用人性弱点设计产品的公司很难长期生存，随着技术的变革，其商业模式很容易被颠覆。

第六章

从新硬件主义到智能交互

跨越技术和时间，剩下的是某些领域的突破或不突破，被围困或再分支，而不是逻辑层面的演化。那么大致会在哪个领域实现突破呢？

第一节
2023 年：新硬件主义

一、元宇宙时代的"真命"硬件

历次计算平台的迭代都伴随着新硬件的出现，每一代新计算平台的开启都要靠划时代的硬件，从个人计算机到智能手机均如是。我们在《新硬件主义》中详细梳理了交互硬件50 年的发展史，梳理出了一条清晰的发展脉络，即从垂直计算硬件（游戏主机）到通用计算硬件（个人计算机），再到小型化硬件（掌机或智能手机）。

元宇宙将成为下一代计算平台已经成为产业共识。站在探索未来元宇宙硬件入口的开端，我们已经可以看到非常多关于新硬件的探索实践。我们认为元宇宙不同于过去 50 年的计算技术，在于其所依托的新计算硬件带来的是人的感官体验、交互、内容等一系列的重构，将人类从过去 50 年的二维互联网世界带进"仿真"的三维世界。新计算平台及其硬件的发展蕴藏着巨大的机会，这一过程将持续 10 年乃至更长时间。

首先，从感官体验来看，硬件入口的范畴将非常广泛，凡是作用于人的眼、耳、鼻、舌、身、意，旨在让用户进入元宇宙的新交互硬件，均可称为硬件入口。目前我们熟知的VR/AR/MR 等作用于人的眼睛的硬件，只是硬件入口的技术路径之一，可穿戴设备和脑机接口都是广义上有可能成为入口的交互硬件的技术路径。

其次，当下市场对硬件入口的认知，并未完全意识到新一代的硬件入口最重要的使命是"定义下一代交互"。如果要定义交互，就必须意识到元宇宙对交互的重塑是革命性的：在过往的 PC 互联网时代、移动互联网时代，技术服务于人与人之间的交互，但在元宇宙时代，交互则不囿于人与人之间，交互主体将扩展至人、数字人、虚拟人、机器人这 4 类，故交互将呈现出前所未有的复杂性与多样性。元宇宙最终实现的是"模糊虚拟与现实的边界"，故以上 4 类交互主体的交互场景预计在虚拟与现实之间高频切换。

最后，不同的硬件也将重塑内容体系。从人的需求出发，硬件入口解决了用户进入元宇宙的需求，但进入元宇宙后的用户，其用户时长终究有一部分还是要花在现实物理世界中，故围绕用户在现实物理世界中的时间消耗，未来的现实物理世界要被智能化重塑，以匹配用户在元宇宙中已升级的各类需求（尤其是情感需求）；且元宇宙作为新一代计算平台，预计将抢占更大比例的用户时长（移动互联网时代的用户，其分配在移动互联网上的时间比例远大于在 PC 互联网时代的比例），当用户花更多时间沉浸于虚拟时空时，机器人则需替代部分人的功能；新计算平台代表着技术升级、生产关系重塑，新的硬件（在元宇宙时代则是智能交互硬件）也将应运而生。

在《新硬件主义》一书中，"分布式垂类硬件"被我们列为与"硬件入口"并列的另一类新硬件。相较于硬件入口的"交互"作用，分布式垂类硬件更重要的作用是"智能"的真正实现。分布式垂类硬件又分为三小类：基于情感需求的智能交互新硬件、机器人、当下现实物理世界中要被智能改造的"物"。

2022 年初的北京冬奥会上，各式"黑科技"硬件已有了"分布式"的雏形，只是这些"黑科技"尚未真正实现智能化。从科技的需求来看，若要实现真正的"智能"，元宇宙与混合平台是两条路径。元宇宙是重新架构的时空，混合平台则是以人为载体重塑人的"硬件"，当人的"硬件"被重塑后，替代人的部分功能的机器人、服务于被重塑的人的新智能交互硬件则是确定性的未来趋势。当"智能"得以真正实现时，当下现实物理世界的各类硬件，被淘汰或被升级，亦是必然趋势。

我们在回溯过去 50 年计算文明发展史的过程中发现，各个时代的代表性计算机硬件的出现与发展离不开关键技术的突破，如晶体管、集成电路、微处理器等，硬件集成了各时代最先进的生产力。而每一个时代的"真命"硬件的诞生均是翻山越岭的进化史，会经历多次试错与多场泡沫，因此在元宇宙的"真命"硬件开启新硬件时代之前，也需要经历较长的探索期。以目前发展最为成熟的硬件入口之一 VR/AR 为例，有观点认为目前的 Oculus Quest 2 有可能仅相当于当年的雅达利 2600。现今距离 Meta 收购 Oculus 已经过去了 10 年，在这 10 年时间内，Oculus 所获得的阶段性成功经过了多年的试错，甚至 VR/AR 产业本身的发展也经历了一个低谷期。

二、2022 年最成熟的硬件入口之一VR/AR 快速迭代

站在现在这个时点看元宇宙及其硬件入口，VR/AR 作为最成熟的硬件入口之一，是对过去 50 年一系列二维设备的全部生态的迭代。但目前的 VR/AR 还远未达到通用型与小型化硬件的标准，仍在不断迭代与进化当中。

回溯手机市场的发展，我们认为当下 VR 市场的发展阶段可类比于早期的智能手机市场。一方面，VR 设备的整体升级方向是轻薄化、便携化、提升用户体验，用户量爬升速度不快，主要由头部产品提振。另一方面，硬件产业链各环节的升级迭代趋势较为明确，光学、显示、交互等模块均存在较大的创新与进步空间，这一阶段伴随着技术的迭代，标杆性的新品会陆续推出，如 PICO 4、Meta Quest Pro、苹果 MR 等，加速 VR 消费级市场成长。这一阶段行业巨头起到重要

引领作用，市场演进过程可能伴随着量价双升过程，内容丰富度的提升及商业模式的创新有望催化这一进程。

现阶段，VR/AR 产业的重心主要是在硬件性能的提升方面。目前各类 VR/AR 硬件的性能仍有不足，除了基于个人计算机、智能手机硬件的迭代所积累的技术外，还涉及一些新技术或者是积累相对比较少的技术。相较于前 50 年的计算硬件，VR/AR 这类硬件涉及一些新技术的运用，比如有关全身动捕、新交互、触觉等感官的技术，需增加更多的传感器。因此，VR/AR 的发展有两个长期的核心矛盾，第一是显示，主要包括显示屏与光学技术，如 VR 与 AR 的显示屏不同，光学技术涉及更多的传感器；第二是设备小型化，诸多超强性能的计算硬件集成到足够轻薄的 VR 头显或 AR 眼镜上。

近年来硬件技术升级与出货量增长所带来的持续正反馈，推动产品在光学、显示、交互等方向取得了显著的进展与突破。

- 光学：Pancake 方案的成熟应用，从头显的轻薄化与屈光度调整两大维度，有望带来 VR 设备里程碑式的体验提升。在苹果、Meta、PICO 等行业龙头的引领作用下，Pancake 商用趋势的确定性较大，Pancake 渗透率提升叠加 VR 放量有望带来 VR 光学市场规模加速成长，可关注膜材、贴膜、组装调整等核心环节的投资机会。

- 显示：当前 VR 显示面板已从 AMOLED 发展到 Fast-LCD，未来几年 Mini LED 背光 Fast-LCD、Micro OLED（硅基 OLED）均有望成为 VR 主流显示应用方案。Mini LED 背光相比传统 LED 大幅提升了显示屏亮度与对比度，可适配 Pancake 光学方案；同时 Mini LED 背光依托成熟 LCD 生产，产业链更成熟，供给能力更强大。硅基 OLED 与现在主流 VR 产品使用的 Fast-LCD 相比，在亮度、对比度、响应时间、功耗、体积等方面优势巨大，也是 VR 头显显示方案的新选择。

- 交互：VR 追求虚拟场景下的深度交互，头手 6DoF（自由度）成为标配，眼动追踪、全身追踪、面部识别等技术有望进一步提升用户沉浸感，向接近自然的交互方向迭代。新硬件的交互方式亟待重构，苹果曾经两次定义交互方式（PC 时代 Lisa 定义图形用户界面、鼠标和键盘，智能手机时代 iPhone 定义触控交互），苹果首款 MR 及相应交互范式值得关注。

2022 年头部厂商推出新品，技术本身的升级与产品有了更好的结合，在产品性能、交互体验上均有大幅的迭代，最为典型的产品是字节跳动旗下的 PICO 4 以及 Meta 旗下的 Quest Pro。

PICO 4 于 2022 年 9 月正式开售，在维持大众定价的同时全面升级硬件性能。相比于 PICO Neo 3，新品在重量、光学方案、透视方案等维度实现了大幅迭代。PICO 4 采用 Pancake 光学方案显著减小体积、减轻重量；PICO 4 与 PICO Neo 3 相比光学清晰度提升近 86%，体积减小 43%，厚度减少近 40%，头显（不含电池与绑带）重量也因此由 395 克降至 295 克。PICO 4 亦通过创新手柄设计、新增裸手交互及体感追踪等优化用户交互体验。与 PICO Neo 3 的传统手柄相比，PICO 4 采取的星环弧柱设计改善了手部交互体验，并能防止双手碰撞等情形出现，其内置的 IMU 传感器在性能上亦有近 100% 的提升。此外，PICO 4 部分应用将支持裸手直接交互，外置体感追踪器可实现多关节、多肢体的动作捕捉，Pro 版本还将额外增加三颗红外传感器以支持眼球追踪及面部识别（见表 6-1）。

表 6-1　PICO Neo 3、PICO 4、PICO 4 Pro 参数对比

参数	PICO Neo 3	PICO 4	PICO 4 Pro
重量	395g	295g	—
电池容量	5 300mAh	5 300mAh	5 300mAh
分辨率	单眼 1 832*1 920	单眼 2 160*2 160	单眼 2 160*2 160
PPI	773	1 200	1 200

续表

参数	PICO Neo 3	PICO 4	PICO 4 Pro
场视角	可视角 98 度	可视角 105 度	可视角 105 度
无级瞳距调节	不支持	不支持	支持
镜片方案	菲涅尔镜片	Pancake	Pancake
感知／交互	4 个鱼眼单色摄像头	1 600 万像素 RGB 全彩摄像头、4 个 SLAM 灰度跟踪摄像头	1 600 万像素 RGB 全彩摄像头、4 个 SLAM 灰度跟踪摄像头
手柄	6DoF、红外光学	6DoF、宽频线性马达、红外传感器、全手掌握把、真实触觉／振动反馈	6DoF、宽频线性马达、红外传感器、全手掌握把、真实触觉／振动反馈
裸手识别	支持	支持	支持
面部识别	—	—	支持
眼球追踪	—	—	支持
彩色透视	—	16MP 全彩透视	16MP 全彩透视
价格	1 999 元	2 499（128G）/ 2 999 元（256G）	—

资料来源：PICO 4 发布会，安信证券研究中心。

Meta 在 2022 年 10 月推出 Quest Pro，在芯片、光学、显示、交互各环节均呈现技术迭代，支持全彩透视、眼动追踪、面部捕捉等功能。新产品定位是办公场景，是为建筑师、工程师、建设者、创造者和设计师等希望通过 VR 增强其创造力的人而设计，是 Meta 高端设备系列中的第一款，其设计重点考虑协作与生产力。据 The Information 报道的 Meta VR/AR 路线图，Meta 未来两年计划推出四款 VR 头显产品，内部代号分别为 Cambria（高端旗舰 VR 头显，即 Quest Pro）、Funston（Cambria 的迭代版本）、Stinson（Meta Quest 3，2023 年推出）、Cardiff（Stinson 的迭代产品）。也就是说，Meta 将交替发布高端 VR 头显和低端 VR 头显，不同价格档位的 VR 头显将帮助 Meta 抢占大部分 VR 市场份额。

苹果在 Mac、iPhone、Airpods 等一系列产品中一遍又一遍地向市场验证了其对划时代产品的定义能力。2023 年 6 月，苹果在新一年的苹果全球开发者大会（WWDC）上发布了 Apple Vision Pro，正式揭开了 MR 设备的真面目，再一次体现了苹果强大的产品定义能力。

- 接近自然的交互创新：用户可以打开应用程序，捏合手指来选择，轻拂手腕来滚动，或者使用语音指令来浏览；在与其他用户交流时，用户可以通过 EyeSight 功能看见对方，当周围人接近 Vision Pro 用户时，Vision Pro 就会变得"透明"，并显示出用户的双眼。

- 空间计算体验：所有的 App 用三维的方式重新做了一遍，可自由放大、缩小、移动，人眼注视 App 的图标时，图标还有体积和动态的光线变化。App 会自由地充满周围环境，以用户为中心向四周扩散，用户可以像移动真实物体一样移动 App 界面。新的空间计算体验能够更好地融合数字世界和真实世界，用户可以通过调节数字旋钮调节沉浸度。

- FaceTime 能够结合用户周围的现实空间，将虚拟人物形象（Persona）设置成真人比例的方形"贴片"，结合空间音频技术，就像他们本人站在"贴片"所处的位置上讲话一样，让用户更身临其境地进行跨空间的对话。

为了支撑这种强大的用户体验，苹果也对底层的操作系统与硬件参数进行了重构设计，其中 visionOS 是首款彻底为支持空间计算所打造的操作系统，能够支持空间计算的低延迟要求，并在 3D 引擎适配、图像质量优化等方面做了大量的改进。在硬件上，这一代的 Vision Pro 实现了更强大的光学显示，头显前端包含一整块以 3D 方式成型与压层的玻璃，表面进行光学抛光，同时包裹了定制的铝合金边框，并使用 Micro OLED 技术将 2 300 万像素封装到两个显示器之中，每个显示器的大小都具有宽色域和高动态范围。有视力矫正需求的用户可以使用蔡司光学插片，从而确保视觉保真度和眼动追踪的准确性。Vision Pro 采用了独特 M2+R1 的双芯片设计，M2

提供独立计算运算，而全新的 R1 芯片则处理来自 12 个摄像头、5 个传感器和 6 个麦克风的输入，以确保内容就像是实时出现在用户眼前。

三、2023 年是硬件入口的大年

以苹果 Vision Pro 的发布为标志，我们认为 2023 年是硬件入口的大年，产业链发展节奏、新品周期、政策驱动都是背后的关键因素。

国内政策发力为产业注入了强心剂，并且指出了清晰的发展脉络框架，发挥了重要的引导作用。如前文所述，2022 年 11 月 1 日，工业和信息化部、教育部、文化和旅游部、国家广播电视总局、国家体育总局印发《虚拟现实与行业应用融合发展行动计划（2022—2026 年）》，从发展目标、重点任务、保障措施等多个角度推动行业发展。在政策驱动的背景下，将会有更多资金投入与产业资源集聚，有望进一步加速产业生态的成熟。

基于前文对元宇宙六大版图轮动顺序的判断，在全球范围内，预计科技巨头们会率先在硬件产业链、内容、底层架构上发力，在后端基建、人工智能的加持下，有望真正迭代出爆款应用、场景、模式、内容，以匹配性能持续升级的各硬件入口。分布式垂类硬件中的人形机器人，核心仍然是"基于现实世界的智能"，人形机器人的进展仍取决于"智能"的实现程度。

2021 年第二季度以来，随着爱奇艺、华为、大朋等国内厂商相继发布 VR 头显，季度设备出货量持续上升。PICO 发布了 PICO 4/4 Pro，Meta 发布了 Quest Pro 等重磅新品，PICO 4 头显实现了多处技术迭代，产品使用性能提升，价格接受度较高，有望快速抢占用户心智及 VR 硬件市场份额。伴随苹果 Vision Pro 的发布对产业链的提振，2023 年迎来了新硬件发布的大年，且此轮新品周期的关键在于 Pancake 光学方案、硅基 OLED 显示方案等核心技术的迭代与应用，将助力 VR 头显进一步打开消费市场。硬件端的增长也将继续带动内容、生态的发展，形成正向循环，推动产业继续蓬勃发展。

新品亮点突出，背后的互联网巨头持续导入流量及内容资源，将进一步推动行业的高速增长，2023 年全球 VR 硬件进入了加速放量周期。在全球方面，据智研咨询数据，2021 年全球 VR 头显出货量达 1 095 万台，2024 年全球 VR 设备的出货量有望达到 2 631 万台，同比增长 20.74%（见图 6-1）。在中国方面，据互联网数据中心（IDC）的数据，2021 年中国 VR 市场出货量为 138 万台，发展略滞后于海外市场；随着中国市场潜力不断被激发，2025 年 VR 市场出货量有望达到 1 162 万台，4 年复合年均增长率（CAGR）为 70.3%（见图 6-2）。

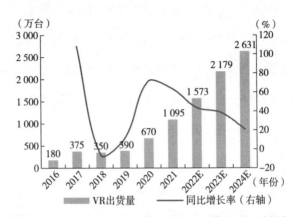

图 6-1　2016—2024E 全球市场 VR 出货量及同比增长率

资料来源：IDC，安信证券研究中心。

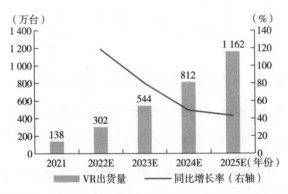

图 6-2　2021—2025E 中国市场 VR 出货量及同比增长率

资料来源：IDC，安信证券研究中心。

综上所述，得益于产品技术能力的提升，VR/AR 产业已经走过了培育期，进入发展战略窗口期。2023 年政策、产业、产品的层层协同，带动了 VR/AR 的加速发展。而 VR/AR 硬件仅仅是元宇宙硬件入口之一，我们认为元宇宙时代的硬件还包括人形机器人以及更多基于场景的分布式垂类硬件，它们的本质为"AI 内核＋形态各异硬件外壳"，因此与人工智能技术发展的关系也极为密切。近年来，AI 大模型趋势驱动人工智能技术在感知智能、决策智能方向加速迭代，AI 能"听懂""看懂""行动"正在逐步成为现实。在人工智能技术发展更趋成熟的背景下，我们认为未来会有更多基于不同场景的"智能化"硬件涌现，赋能人类工作、生活、生产等全方位的效率提升。

第二节
2024—2025 年：从 ChatGPT 到 Sora

一、AI 绘画、ChatGPT 的火热

新计算平台的迁移通常是硬件先行，之后带动内容与应用逐步成熟至迎来爆发期。2007 年苹果推出第一代 iPhone 后基本定义了智能手机的形态，预示着智能手机时代正式来临。

得益于 iPhone 对产业的引领效应，根据 IDC 数据，全球智能手机出货量于 2007 年突破 1 亿台，达到 1.25 亿台。2012 年前后，以小米、华为荣耀为代表的高性价比千元手机的出现带动了国内智能终端的普及，移动内容和应用生态开始爆发，全球手机出货量在 2012—2014 年的增速保持在 25% 以上。当硬件出货量快速增长、触及更多的 C 端用户时，内容与应用的生态将逐步成熟。从国内的发展情况来看，2011 年微信问世，逐步取代 QQ 成为移动互联网时代的现象级社交应用产品。此后移动 App 内容与应用迎来爆发，开拓出许多全新的场景，包括打车、外卖、团购、直播、移动办公等。行业增长的红利造就了一批互联网公司，如美团、饿了么、哔哩哔哩、小红书、滴滴出行等。2016 年抖音 App 正式上线，凭借精美的 UGC 内容与算法推荐机制异军突起，在互联网生态中占据了一席之地。2017 年后智能手机的增长趋缓，智能手机用户渗透率达到一定水平后，互联网平台的竞争格局趋于稳定。

参考移动互联网时代的发展路径，当前正处于向下一代计算平台——元宇宙迁移的早期阶段。2021 年，代表性硬件入口——VR 头显的全球出货量突破千万台，基本相当于移动互联网时代智能手机在 2003 年的发展阶段。得益于智能手机产业链的积累，当前VR/AR硬件的迭代速度相对更快，苹果在2023年顺利发布了代表性产品Vision Pro。此外，特斯拉的人形机器人的研发迭代速度也超市场预期，根据拓普集团2023年中报，人形机器人将于2024年进入生产阶段。我们认为这些代表性产品推出后或将带动元宇宙硬件在终端消费者中普及，进而推动内容与应用场景端的爆发，因此我们预计，当硬件出货达到一定体量后，2024—2025年将迎来内容与场景的全面爆发。

元宇宙将对内容规模及质量提出更高的需求。首先，现实物理世界的人、货、场均需在虚拟世界有一一对应，同时将会有大量的虚拟世界原生内容，如虚拟人、NFT、虚拟空间等，内容呈现形式变得多样；其次，内容需求主体也将增加，从现实物理世界的人拓展至虚拟数字人、数字人等，交互关系变得复杂，进而产生大量的内容需求；最后，回溯互联网历史，受限于硬件设备的性能，PC互联网的内容以图文为主，移动互联网时代的内容形态呈视频化趋势，预计进入元宇宙时代，用户追求虚实融合，内容的呈现方式将进一步三维化且侧重实时交互性，从一维的文字到二维的图片与视频，再发展到三维内容，维度增加意味着支撑内容生成的数据量将有大幅甚至指数级的增长。当前阶段内容的生成能力显然不足以应对元宇宙时代急剧增长的内容需求，那么由谁来承接日益增长的内容需求呢？

我们认为 AIGC 将成为元宇宙时代的内容供给范式——随着内容需求量急速增长，供给端的范式也将持续升级，继互联网时代前的 PGC、互联网时代的 UGC 之后，AIGC 将有条不紊地提供数量飙升且品质有保障的内容。AIGC 的本质是 AI 驱动内容生成，由 AI 赋能内容的自主生成，从而大幅提高生产效率，并降低内容生产成本，比如使用 Midjourney 生成一张图片仅需要 60 秒，远远低于人工绘画以及传统绘画工具所用时长。AIGC 涉及元宇宙研究框架中的四个方面——本质是内容与场景，需要人工智能与后端基建共同生成，此外有大量的应用会被协同方创造出来（见图 6-3）。

2022 年下半年，AIGC 领域先后涌现出一系列引人注目的事件，AI 生产的内容在文字、代码、图像等领域都具有较高的可用性，而且体现出一定的创造性。2022 年 8 月，美国新兴数字艺术家竞赛中，参赛者 Jason Allen 使用 Midjourney 完成的 AI 生成绘画作品《太空歌剧院》获得了"数字艺术 / 数字修饰照片"类别一等奖；普通用户也可以借助 Midjourney、Stable Diffusion、OpenAI 旗下的 Dall·E 2 等应用，输入关键词，一键生成精美的图片。2022 年 11 月 30 日，OpenAI 推出

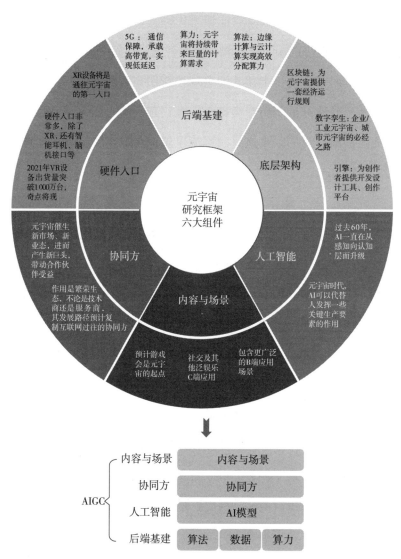

图6-3 AIGC与元宇宙研究框架的契合

聊天机器人 ChatGPT，它能够写代码、创作诗歌、为用户解释概念，还可以用清晰的思路回答"鸡公煲怎么做"，表现出流畅的对话能力，上线 5 天全球注册用户超过 100 万人，上线 2 个月后月活跃用户突破 1 亿人。有不少人认为其将成为人们获取信息的新渠道，它可能重塑甚至取代传统互联网搜索引擎。

AI 绘画工具、ChatGPT 表现出的惊人能力引起了全球科技、媒体、艺术领域的高度关注，同时也受到了资本的青睐。2022 年以来，不少业内相关公司获得融资，比如提供 AI 绘画工具 Stable Diffusion 的公司 Stability AI 于 2022 年 10 月获得 1.01 亿美元投资，估值达到 10 亿美元；主打文字生成的 AIGC 公司 Japer.Ai 获得了 1.25 亿美元的 A 轮融资，估值达到 15 亿美元。

为什么 AIGC 在这个时间点取得如此重大的突破？其技术的突破之于元宇宙内容与场景的发展有何意义？

为探讨这两个问题，我们先对人工智能的发展历程进行梳理。回顾人工智能的发展史，最早可以追溯到 1943 年，沃伦·麦卡洛克（Warren McCulloch）和沃尔特·皮茨（Walter Patts）发表了人工智能的开篇之作——《神经活动中内在思想的逻辑演算》，至今约 80 年，大体可以划分为三个阶段。

- 第一阶段（1943—2006 年）：这是奠定人工智能发展的理论知识基础的时期，其间也曾产生过一些阶段性成果，但总体而言受限于数据规模与算力，人工智能更多还是停留在研究及理论阶段。

- 第二阶段（2006—2016 年）：算法、算力与数据规模都较前期有了质的飞跃，三者效用叠加成果显著，在计算机视觉、语音识别等多个领域取得了重大的技术突破，人工智能开始进入商业应用阶段。

- 第三阶段（2016 年以来）：以 Alpha Go 打败李世石为里程碑事件，人工智能开始全面推向商业化应用，在各行各业遍地开花。全球各国都高度重视人工智能的发展，中国尤甚。在政策扶持、强大数字基建支撑等多重因素下，中国人工智能应用场景尤为丰富。

整体来看，AI 经过近 70 年的发展，其发展脉络与研究推进路径已经相对清晰。如果我们将 AI 看作可被提供的产品或者服务，它已经走过了理论期、部分产品化阶段、部分产品推广应用阶段，各家 AI 公司将相应的算法结构、样本数据、训练结果打包成模型，用于赋能各个场景的应用。在这样的框架下，AI 公司目前主要的发力方向在于：（1）提高模型的能力，使 AI 更加"智能"；（2）理解应用场景的痛点，提出更好的解决方案；（3）通过规模化效应摊销模型生产成本，从而提高商业化能力。

不同背景的 AI 公司在发力的方向上各有侧重，OpenAI、DeepMind 这一类专注于前沿 AI 技术研究的公司致力于将 AI 由弱人工智能（ANI）推向强人工智能（AGI），要求人工智能像人类一样思考不同层面的问题，能够理解复杂理念。AIGC 之所以在 2022 年迎来爆发，与 OpenAI、DeepMind 这类公司在深度学习模型上不断完善、开源模式的推动密切相关。

2006 年，杰弗里·辛顿（Geoffrey Hinton）在《科学》（*Science*）期刊上发表了重要论文《使用神经网络降低数据维度》（*Reducing the dimensionality of data with neural networks*），"深度学习"正式诞生。此后，在深度学习算法模型的基础上，研究发现神经网络越底层数据越抽象，越上层数据越与具体任务相关，因此只要把通用大数据预训练得到的网络模型结果，结合任务相关的标注数据去微调（Fine-tuning）高层的网络参数，使得高层参数输出更匹配当前领域的任务即可。由此，在 AI 赋能场景应用时，可以通过大规模数据训练得到通用大模型，适应各个场景的共通需求，实现规模化效应，降低大模型的成本；对于前端具体任务的差异化特性，可以采用垂直领域的小规模数据进行微调，使其更具有针对性，也满足了不同场景的任务要求。由此推演，如同人类具备应对各种场景的反馈能力，AI 也可以借助大模型成为"全才"。

2017 年提出的 Transformer 模型能够实现自我监督学习，无须标注数据，这使训练数据规模可以大幅提升。数据质量对模型的训练结果有重要影响，过去为提高模型的能力，主要以人工标注数据作为样本，这一方面人工成本较高，另一方面也限制了可使用的样本数据规模。此外，过去几年针对 AI 的芯片竞争也较为激烈，海外以英伟达 A100 高端芯片为代表，国内各互联网巨头也争先下场参与芯片设计、流片，推动芯片产业的发展。同时，云计算的发展使得大规模算力能够集中共享，进一步支撑了模型训练所需的超大规模算力。

算法、算力、数据三大要素的突破使 AI 大模型化路径变得可行，以 OpenAI 推出 GPT 系列模型为标志，巨头纷纷走上自研大模型的道路，开始 AI "军备竞赛"。目前行业内典型的 AI 大模型包括 OpenAI 在 2020 年发布的 GPT–3，其参数规模达到 1 750 亿，较 GPT–2 有相当大的提升，主要用于自然语言处理；国内以华为大模型、智源悟道 2.0 等为代表的大模型参数也在千亿级以上，在中文语言预训练、多模态方面均有突出的表现（见表 6–2）。2023 年 ChatGPT、AIGC 的火爆进一步推

表 6-2 国内外代表公司的模型开发情况

公司	模型	发布时间	参数	预训练数据量	模型类型
OpenAI	GPT	2018 年 6 月	1.17 亿	约 5GB	自然语言模型
	GPT-2	2019 年 2 月	15 亿	40GB	自然语言模型
	GPT-3	2020 年 5 月	1 750 亿	45TB	自然语言模型
谷歌	BERT	2018 年 10 月	—	—	—
	Switch Transformer	2021 年 3 月	1.6 万亿	—	—
华为	鹏程・盘古	2021 年 5 月	2 000 亿	1.1TB	中文预训练语言模型
智源	悟道 2.0	2021 年 6 月	1.75 万亿	4.9TB	双语多模态预训练模型
浪潮	浪潮源 1.0	2021 年 9 月	2 457 亿	5TB	通用 NLP 预训练模型
微软 & 英伟达	Megatron-Turing	2021 年 10 月	5 300 亿	—	自然语言生成
阿里云	达摩院 M6	2021 年 11 月	10 万亿	—	跨自然语言、图像的多模态 AI 模型
百度	鹏城－百度・文心	2021 年 12 月	2 600 亿	—	NLP 大模型

动了企业在大模型上的研发投入，进入"百模大战"阶段。

在 AI 大模型的加持下，AI 的能力正在加速迭代中，已经在手写识别、语音识别、图像识别等领域超过人类平均水平。ChatGPT、AI 绘画工具正是大模型迭代升级的产物，即在内容生成领域，AI 大模型推动内容形式从单一走向多元，内容质量也较以往大幅优化，这主要体现在两个方面：一是 AI 对语义的理解能力得到大幅提升，推动以 ChatGPT 为代表的对话交互模式取得突破；二是以 AI 绘画为代表的生成式内容的产出效率大幅提升。

GPT-3 在问答、摘要生成、文本生成上展现出了极强的通用能力，而 ChatGPT 以 GPT-3 的升级版 GPT-3.5 为基础，进一步引入基于人类反馈（Human Feedback）对语言模型进行强化学习（Reinforcement Learning）的方法，在人工标注数据的基础上，再通过强化学习增强模型能力，使 ChatGPT 能够产生质量越来越高的回答，甚至可以自我修正答案，因此相较于前一代聊天机器人，ChatGPT 的对话效果有了质的飞跃。

根据《纽约时报》的报道，ChatGPT 的推出已经引起了谷歌内部的高度重视，谷歌 CEO 桑达尔·皮猜（Sundar Pichai）参与了一系列探讨谷歌 AI 战略的会议，甚至推翻了内部众多团队的原有工作，并正在从其他部门抽调员工，以应对 ChatGPT 的威胁。而据 The Information 报道，微软正致力于把 ChatGPT 整合进自家的搜索引擎必应（Bing），从而挑战谷歌压倒性的领先地位。

与 ChatGPT 一样，AI 绘画的突破也主要得益于 OpenAI 团队，2021 年 1 月，OpenAI 开源了新的深度学习模型 CLIP（Contrastive Language-Image Pre-Training），这是当今最先进的图像分类人工智能。CLIP 训练 AI 同时做两件事情，一件是自然语言理解，一件是计算机视觉分析。它被设计成一个有特定用途的强大的工具，可以决定图像和文字提示的对应程度，比如把猫的图像和"猫"这个词完全匹配起来。至此，AI 开始拥有了一项重要能力——可以根据文字提示进行创作。而且 CLIP 模型无须人工标注，可以直接使用互联网上带有标签的图片作为输入进行模型训练。此后，在 AI 技术圈中常采用 CLIP 模型与 GAN 类模型结合生成绘画，但对普通大众而言仍具有较高的使用门槛。2021 年初，OpenAI 团队用 CLIP 模型创建了自己的图像生成引擎 DALL·E，并且在 2022 年 4 月将其升级为 DALL·E 2，它能够以 4 倍的分辨率生成更逼真、更准确的图像。

2022 年 1 月初，Disco Diffusion 推出，成为首先被大众熟知的 AI 绘画模型。它是第一个采用 CLIP 模型与 Diffusion 模型结合的实用型 AI 绘画产品，所给出的图片质量非常高，甚至已经超过了大多数普通人能够达到的作画水平。但 Disco Diffusion 仍存在一些缺陷，比如对绘画细节处理不够完善且渲染时间过长等。这些缺陷很快又被突破了，2022 年 7 月，Stable Diffusion 开始测试，它非常好地解决了上述痛点，通过将模型的计算空间进行数学转换后再进行计算，大大降低了对内存和计算的要求。2022 年 8 月，Stable Diffusion 正式开源，一经推出便获得了 AI 爱好者的追捧，登上了 Github 热榜第一。[①]

除了 DALL·E 2、Stable Diffusion，Midjourney 也是备受瞩目的 AI 绘画工具，相较于前两者，Midjourney 在交互性方面的表现更为突出，对用户而言是零门槛的交互，用户只要输入想到的文字，就能产出对应的图片，耗时只有大约一分钟。Midjourney 在 2022 年 5 月推出测试版后，就在 Discord 社区上迅速成为讨论焦点，至今已经迭代至第五版。Discord 社区是 Midjourney 为用户打造的社交板块，用户可以在其上互动讨论，从而激发创意。整体来看，Midjourney 已经具备作为一款面向 C 端用户产品的雏形。

---

① Web3 天空之城. AI 绘画何以突飞猛进？从历史到技术突破，一文读懂火爆的 AI 绘画发展史［Z/OL］.（2022-09-18）. https://mp.weixin.qq.com/s/LsJwRMSqPXSjSyhoNgzi6w.

从 DALL·E、Stable Diffusion、Midjourney 推出的时间线以及呈现效果来看，AI 绘画模型正在进入加速进化状态，在半年时间内 DALL·E 2、Stable Diffusion、Midjourney 3 先后发布，生成效果及交互性均有显著提升。在 AI 绘画现象的推动下，越来越多的科研机构开始探索视频、3D 内容的自动生成模型，比如 Meta 发布的短视频生成系统 Make-A-Video，谷歌的文本转视频工具 Imagen Video 等。三星提出了一个用于创建逼真头像的系统，可以实现用一张图生成 3D 头像，无须动捕、多面照片等，如果技术成熟将大大降低数字人的制作成本。腾讯 ARC 实验室、PGC 团队联合上海科技大学发布了一项研究，该研究团队提出了新的方法，即 Dream3D，它能够生成富有想象力的 3D 模型，生成模型非常贴近最初输入的文字，其视觉质量和形状精度均优于目前最先进的方法。

AIGC 已经具备文字、图片甚至视频内容的生成能力，在创意生成、内容创作等方面的效率提升非常显著，可以应用于游戏、艺术创意、广告营销等场景。在专业领域，AIGC 可以用于构建三维模型、工业设计等，能够替代人工承担烦琐的工作，降低人工成本。目前 AI 绘画工具多按照图片数付费，使用成本相对较低，将会撬动一部分 C 端用户，进而扩大用户覆盖面。据不完全统计，海外可能已经至少有200多家创业公司专注于生成式AI的方向，同时在国内已经有几十家新创公司投身于这一热潮当中。

二、AIGC或正在酝酿下一个千亿市场

根据计算机所具备的能力，我们可以将其发展阶段划分为计算智能、感知智能、认知智能这三个阶段。（1）计算智能：计算机能够实现存储与计算，并作为传输信息的重要手段，比如在过去一段时间内，计算机最大的发展是将一切信息都尽可能地数字化，从早期的计算与文字到发展至今的电商、娱乐等场景的数字化；（2）感知智能：计算机开始"看懂"与"听懂"，并能够做出一些判断及行动，比如Siri语音助手等；（3）认知智能：机器能够像人一样进行思考，并主动做出行动，比如在自动驾驶场景下，汽车能够自己做出超车、转弯的行动等。站在当前时点来看，计算机正在由感知智能逐步向认知智能的阶段演进。

在迈向认知智能阶段时，最关键的几项技术突破包括计算机视觉（使机器能"看懂"）、自然语言处理（使机器能"听懂"）以及跨模态感知能力等。2016年前后的AI发展热潮，

主要是因为计算机视觉技术突破使机器具备了"看懂"的能力。据艾瑞咨询测算，2020 年计算机视觉市场规模为 862.1 亿元，是人工智能产业最大的细分市场，占比为 57%；预计至 2025 年，计算机视觉行业市场规模将达到 1 537.1 亿元，年均复合增速为 12.26%；同时其所带动的产业规模将达到 4 858.4 亿元，市场空间广阔。与此前计算机视觉突破的重大意义类似，2022 年下半年 AI 绘画工具、ChatGPT 的突出表现反映出自然语言处理技术正在突破，机器或将具备"听懂"的能力。因此我们认为，过往计算机视觉技术突破后所带来的场景变革与重塑机遇，或许对此轮 AIGC 火爆所引发的机遇有极大的参考意义。

我们先简单回溯一下，上一轮由计算机视觉技术突破引发的人工智能浪潮给产业界带来的巨大机遇及随之产生的结构变化。

在更强大的算力支撑下，通过大规模训练数据喂养的深度学习算法模型表现出更优异的效果，推动计算机视觉、语音识别等领域取得了重大的技术突破。比如 2014 年香港中文大学汤晓鸥教授团队发布的 DeepID 系列人脸识别算法，准确率达到 98.52%，首次超过人眼识别率，突破了工业化应用红线。语言识别技术也有一定程度的突破，比如 2016 年百度、搜狗等头部公司都先后宣布其语音识别率达到了97%。

2016年Alpha Go打败了人类围棋世界冠军李世石,引发了全世界的关注,这是人工智能史上的里程碑事件,自此人工智能从学界开始走向大众市场,同时也推动了一级市场投融资热潮。根据IT桔子数据,2016年国内AI投融资事件快速增加,融资总额较2015年近乎翻倍。2016—2018年AI投融资事件总数为2 917起,投资总额为4 006.48亿元,为AI创业提供了强大的资本助力(见图6-4)。

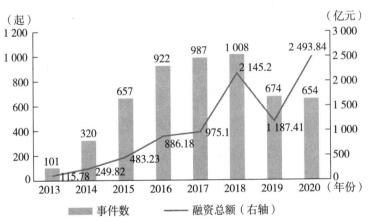

图6-4 2013—2020年中国AI投融资事件数及融资总额

资料来源:IT桔子,安信证券研究中心。

在这个背景下,一批AI创业企业先后成立,如"AI四小龙"商汤科技、旷视科技、云从科技、依图科技等一批公司在 2014 年前后成立，其创始人多来自学界或具有深厚的科研背景，将科研成果与产业相结合进行科技创业（见表 6-3）。"AI 四小龙"聚焦的技术方向主要是计算机视觉，后逐步延伸到自然语言处理及跨模态等领域。它们重点将自研的 AI 模型能力与安防、金融、物流、交通等场景相结合，通过提供定制化解决方案等方式获得收入。随着头部 AI 创业企业的营收规模达到一定的体量，近几年 AI 创业企业先后从一级市场走向二级市场，开始筹备 IPO 上市。商汤科技 2021 年 12 月底在港交所上市，成功摘下"AI 第一股"的称号。2022 年陆续有计算机视觉方向的 AI 公司完成上市，如云从科技、格灵深瞳等。

各大科技巨头也先后将人工智能确认为重点发展战略，并进行了业务重心迁移（见表 6-4）。国外巨头以谷歌为代表，将未来发展战略从"移动为先"（Mobile First）调整为"人工智能为先"（AI First），通过内生增长（发展自研算法体系 Tensor Flow 等）与外延收购（大规模并购人工智能领域公司，如 DeepMind）提升人工智能综合实力。国内巨头以百度为代表，率先布局人工智能战略，并于 2016 年推出百度大脑、飞桨算法等产品，建立起强大的人工智能底层基础。

表 6-3 AI 四小龙创始团队介绍

公司	创立时间	创始人 / 团队	简介
商汤科技	2014 年	汤晓鸥	获得麻省理工的博士学位；1998 年起担任香港中文大学教授,2009 年获得 CVPR 最佳论文奖,为有史以来亚洲第一次获得该等奖项
		王晓刚	获得麻省理工学院计算机科学博士学位,其发表的论文被引用逾 65 000 次,H 指数为 120
		徐立	上海交通大学本硕、香港中文大学博士,专注于计算机视觉及计算成像学的研究,曾任联想集团的研究科学家
		徐冰	获得香港中文大学信息工程及数学双学位,曾作为香港中文大学多媒体实验室的博士候选人,重点研究深度学习及计算机视觉
旷视科技	2013 年	印奇	曾就读于清华大学计算机科学实验班("姚班"),毕业于哥伦比亚大学计算机科学(计算机传感)硕士学位
		唐文斌	曾就读于清华大学计算机科学实验班("姚班"),曾任谷歌中国实习工程师、微软亚洲研究院实习研究员
		杨沐	曾就读于清华大学计算机科学实验班("姚班")
云从科技	2015 年	周曦	毕业于美国伊利诺伊大学电子与计算机工程专业,获得博士学位。2011 年 11 月至 2015 年 5 月担任中科院重庆绿色智能技术研究院智能多媒体技术研究中心主任、电子信息技术研究所副所长,曾入选"中科院百人计划",建立中科院人脸识别团队
依图科技	2013 年	朱珑	UCLA 统计学博士,师从计算机视觉奠基人 Alan Yuille 教授,从事计算机视觉的统计建模和人工智能的研究
		林晨曦	上海交通大学计算机科学工学硕士,任微软亚洲研究院研究员,从事机器学习、计算机视觉、信息检索以及分布式系统方向的研究工作

资料来源：公司公告、安信证券研究中心。

表 6-4　国内外科技巨头先后宣布将人工智能作为重点战略

公司	时间	主要内容
海外		
谷歌	2017 年 10 月	在谷歌 I/O 开发者大会上提出，公司未来发展战略将从"移动为先"调整为"人工智能为先"
Facebook	2016 年 4 月	扎克伯格在 F8 年度开发者大会上发布 Facebook 未来 10 年的规划，将人工智能、VR/AR、连接作为公司未来 5—10 年战略重点
微软	2017 年 5 月	人工智能取代"移动为先、云为先"战略成为微软新愿景；2016 年 9 月，微软组建新的"微软人工智能与研究事业部"，与原有的"人工智能研究部门"合并，以推动微软人工智能的技术研究和应用推广，成为微软四大业务之一
亚马逊	2017 年 4 月	亚马逊首席执行官杰夫·贝佐斯在股东信中表示将人工智能纳入公司长期发展规划
苹果	2017 年 10 月	苹果表示人工智能将会成为今后苹果产品的重要基石，包括 iPhone 和 Apple Watch 产品线
国内		
百度	2016 年 7 月	李彦宏在百度云计算战略发布会上发布了百度云"人工智能＋大数据＋云计算"三位一体的发展战略；2016 年百度大脑平台开放，飞桨上线
腾讯	2017 年 11 月	腾讯在 2017 年腾讯全球合作伙伴大会上公布了"AI in All"战略，包括"基础研究—场景共建—AI 开放"三层 AI 架构，落地社交、内容、游戏、医疗、零售、金融、安防、翻译这八大场景

资料来源：虎嗅，经济观察报，环球网等。

　　在人工智能对各个场景进行智能化改造的过程中，许多传统硬件厂商、独立软件开发商等公司通过跟进人工智能技术的发展，完成了自身产品矩阵的智能化升级，并抓住行业

增长的机遇实现了业绩的增长。以海康威视为例，公司成立
于 2001 年，最初是提供后端视频压缩业务，后进军前端摄
像头业务，抓住了摄像头高清化的机遇发展成为行业龙头。
2015 年，公司开始在人工智能、云计算、5G 等技术上发力，
在"云—边—端"逐步落地相应的产品，公司进入智能化阶
段，特别是在安防智能化场景中占有一席之地。

　　整体而言，过去几年是具备资源禀赋的公司从各自擅长
的角度切入、不断重塑商业场景的时期，它们从各方向下场
推动了对安防、物流、港口、金融等场景的智能化改造升级，
带来了巨大的经济利益。根据艾瑞咨询测算，2020 年中国人
工智能产业规模达到 1 512.5 亿元，同比增长 38.94%；预计
2025 年中国人工智能产业规模将增长至 4 532.6 亿元，年均
复合增速为 24.55%。同时，预计 2023 年由人工智能带动的
相关产业规模将突破万亿元，人工智能行业的发展将成为推
动经济增长的重要力量。从下游场景份额来看，政府城市治
理和运营为最大的应用场景，市场份额接近一半（49%），互
联网、金融行业的市场份额分别为 18%、12%，排名第二、
第三。

　　目前人工智能在不同场景中的渗透率还存在差异，安防、
金融等领域的发展相对成熟，行业渗透率较高，在这些场景

中，人工智能企业是通过智慧化改造帮助客户降本增效，并通过不断解决客户痛点、建立行业影响力来保证订单的持续，以及客户规模的扩大。除此之外，人工智能也在塑造新的产业生态，比如智能驾驶、人形机器人等，这些新业态的发展与技术突破将为行业带来新的增量。

AI 赋能百业所带来的效率提升及价值肉眼可见，但对其中主要的参与方之一——AI 创业公司而言并不友好，其商业模式一直饱受诟病。它们为保证技术的领先性需要进行大规模的研发投入，但是业务处于发展初期，大多数场景仍需要定制化开发，规模化复制能力有限导致收入端无法实现放量的增长，因此收入增长不及研发投入支出增长，导致公司持续亏损。以商汤科技为例，2021 年公司实现收入 47 亿元，而研发投入高达 36.14 亿元，而且根据商汤科技的公告，过去公司在研发上的投资金额累计超过 200 亿元。与商汤科技类似，许多 AI 公司都处于财务亏损的状态。

为什么会出现这样的现象呢？其背后的原因在于：人工智能场景落地复杂且业务链条长。AI 技术的落地可能带来颠覆性的业务变革，所以算法需要与其落地的场景有深度的融合，前端场景的细微变化都可能带来后端技术与算法的调整。对单个厂商而言，既需要考虑与业务场景的融合，又需要在技术层面具备适应业务场景变化的能力，同时还需要保证与硬件设备具有较高的兼容性，以及落地施工的工程能力，所涉及的业务链条较长。如果从规模经济的角度来看，单一的公司很难做到对多元业务场景和完整产业链条的兼顾，因此很难平衡好业务扩张产生规模效应与技术领先投入增加的困境。

我们判断，上述入局的厂商势必须进行一定的取舍。这种取舍将主要沿着两条路径进行：一是沿着场景进行取舍，从而产生业务场景的垂直化；二是沿着产业链环节进行取舍，从而带来产业链的分工化。

·路径一：场景分化

全场景布局还是垂直场景布局？场景布局以城市与商业为核心，在细分行业上有所差异。目前商汤科技的应用场景最为全面，覆盖智慧城市、智慧商业、智慧生活、智能汽车四大场景，其中智慧城市与智慧商业为核心场景。"AI四小龙"中的其他三家公司除了在城市与商业上都有布局外，在部分场景上已经存在差异化，比如旷视科技差异化布局智慧物流、智慧仓储等供应链物联网，云从科技在金融领域较为突出，依图科技在智能医疗方向投入较多。

· 路径二：产业链分化

软硬一体还是以软件为主？产业链环节不同，导致业务毛利率水平存在差异。人工智能可能对应用场景带来颠覆性的改变，因此发展初期多以定制化方案为主，多采取软硬一体的项目制合作方式。旷视科技深耕于三大重点场景，打造了"硬件—软件—算法"协同的模式，与行业更贴近，能够提供的服务更加综合，但是由于存在硬件成本，毛利率相对较低，2021 年上半年的毛利率为 34.44%。而商汤科技在招股说明书中表示，公司将采取优先推广软件的销售策略，未来将更倾向于提供软件服务，这推动了公司毛利率的明显上升，2021 年上半年毛利率提升至 72.95%。

我们推断，未来看不同 AI 企业是适合采用软硬一体的商业模式还是以算法等软件为主的商业模式，核心在于其所处行业客户所需要的产品是以标准化为主还是定制化为主，比如在安防、智慧社区等场景中，产品需要结合客户的需求进行定制，可能更适合软硬一体的解决方案；而在医疗、自动驾驶领域，产品可以被标准化，则有望通过售卖标准化的软件产品获得更高的毛利率。

综上所述，参考计算机视觉技术突破所带来的巨大的产业机遇，我们预计 AIGC 所带来的自然语言处理突破也将涌现出巨大的产业机遇。其发展路径也将大体分为几个阶段，即先期前沿科技公司作为"领头羊"，主要负责推动技术突破，提供更好用、更高效的技术；同时涌现出一批具备产品化能力的公司，结合在业务资源上的优势发掘场景与应用，抓住行业红利快速发展，成长为元宇宙时代内容生成领域的科技巨头，如同移动互联网时代涌现出的孵化 UGC 内容的抖音、小红书等平台。

三、2023 年 AIGC 对产业链三个方向的提振

结合计算机视觉技术突破后相关场景重塑的节奏以及 AIGC 自身的特点，我们预判此轮 AIGC 的火爆现象将对产业链上的三个方向有所提振，分别对应算力与基建、算法与模型、内容与场景。底层算法模型、算力的发展是为内容与场景的爆发蓄力，以下我们将对其进行详细探讨。

（一）算力与基建

AI 大模型化趋势显著，因而自然会产生较高的算力需求。同时，人工智能赋能百业，在内容与场景端的渗透率将持续

提升。一方面，在传统的安防、金融、零售等相对成熟的领域的智能化改造将由头部公司逐步向中小企业渗透，且对业务精度的要求增加，从而产生更大的算力需求；另一方面，AIGC 将撬动更多的 C 端场景，新兴场景增加叠加 C 端用户规模快速增长，将进一步增加对算力的需求。目前 AR/VR、AIGC 等 C 端场景仍处于发展的初期，随着场景成熟度逐渐提升，其对算力的需求将加速增长。

数字经济时代，日益增长的算力将成为像水、电、煤一样的基础设施，成为衡量经济增长的关键指标，根据中国信息通信研究院发布的《中国算力发展指数白皮书 2022》，国家的算力指数每提高 1 个百分点，数字经济和 GDP 将分别增长 3.3‰和 1.8‰。目前算力的构成主要分为三种——基础算力、智能算力、超算算力。由于大量的业务场景进入智能化改造升级阶段，因而智能算力的占比快速提升，截至 2021 年，智能算力占比达到 50%。除人工智能应用与场景发展所带来的需求外，各地政府也积极支持建设智能算力，以带动当地的技术发展及人才集聚。

根据智东西统计，截至 2022 年 2 月，全国建成并投入运营的智算中心为 9 个，包括商汤科技在上海临港落成的

3 740P（Petaflops）[1]人工智能计算中心，华为在武汉建设的200P人工智能计算中心，以及浪潮、寒武纪在南京建设的800P人工智能计算中心。此外，规划及建设中的智能计算中心为18个，落地城市覆盖北京、合肥、大连、青岛、杭州、昆山、克拉玛依等地。2023年仍为智能算力中心建设的"大年"。

（二）算法与模型

过往AI行业主流的商业模式是定制项目制或者软硬件一体解决方案，这体现在商业上即将AI定义为一种能力而非产品，因此需要AI公司在不得不投入巨大成本、提升研发实力、构筑壁垒的情况下，深入场景、提出满意的产品，即具有较强的行业洞察和产品开发能力，这导致其收入增速不及研发支出增速而陷入巨大的盈利压力下。AIGC特别是文生图的应用使"模型作为服务"（MaaS）商业模式获得关注，MaaS能够为模型本身定价，使专注于模型研发的AI公司能直接获得收入。

以OpenAI为例，如果调用其DALL·E模型生成图片，

---

[1]　Petaflops等于每秒1千万亿次浮点运算，flops即每秒执行的浮点运算次数。

收费标准为 0.016—0.020 美元 / 图；如调用其语言模型，收费标准为 0.000 4—0.02 美元 /1K tokens（约 750 词）。根据路透社消息，OpenAI 还处于商业变现的早期阶段，已经产生了数千万美元的收入，预计到 2024 年收入将达到 10 亿美元。OpenAI 已展示出巨大的商业化潜力，其价值在于有望将 AI 大模型打造成为元宇宙时代的基础设施之一。借助 MaaS 模式，以其模型为基础的应用、场景收取费用，类似于某种特殊的专利收费，由于触达业务场景非常广泛，市场空间广阔且持续性较强。商业模式的升级或将推动部分深耕在前沿大模型领域的 AI 公司的商业价值重估，使其能更专注于核心技术研发。

考虑到商业化，MaaS 模式下需要模型有足够多的前端调用量才能平摊研发投入成本，因而更适用于基础大模型。但目前布局 AI 基础大模型具有较高的门槛，因为 AI 大模型的强大能力是由算法、算力、数据支撑的。算法代表着前沿的科技能力，背后需要大量的高精尖人才，对公司或者组织的人才集聚能力有很高要求。算力是重资产投入模式，根据外媒报道，OpenAI 在训练包含 1 750 亿参数的 GPT-3 时花费了接近 500 万美元（约 3 500 万元人民币）；谷歌在训练包含 5 400 亿参数的 PaLM 时用了 6 144 块 TPU 芯片，据测算训练成本为900万—1 700万美元①，因此在算力层面需要公司具备很强的资金实力来支撑。数据通常对应于业务场景，这要求公司或其合作伙伴具有相应的业务场景。因此，目前AI基础大模型的参与方主要包括中美互联网巨头或其投资的公司，主要是押注AI作为新一代经济基础设施，此外还包含一些政府支持的科研机构。

前文提到，在落地具体业务时，通常会在基础大模型的基础上，针对前端业务场景微调训练行业模型，以适应不同场景的需求。目前百度、华为等公司主要采用这种模式进行业务布局。相对于基础大模型，面向垂直领域的行业模型对创业公司更友好，仅需要少量数据微调即可，对算力的要求也相对更小。预计未来将会有更多垂类的AI公司出现，像毛细血管一样深入具体场景发掘需求、解决痛点，从而推动内容与场景端真正爆发。

（三）内容与场景

AIGC对内容与场景的提振主要有两个方面：一方面，AIGC本质为内容，主要面向C端消费者，因此不同于计算

---

① 陈彩娴，王玥.大厂烧钱也要追捧AI大模型的迷与思［Z/OL］.（2022-08-19）. https://www.51cto.com/article/716750.html.

机视觉技术突破后主要重塑 to B/G 场景，AIGC 将增加 to C 的场景，预计在未来 1—2 年内，C 端应用场景将被充分挖掘，带动 AI 技术进一步向 C 端消费者普及；另一方面，从写诗机器人到 AI 绘画模型，目前 AI 已经能够实现文字到图片、图片到图片的转化，甚至是文字到视频的转化。随着模型能力的提升，AI 或将逐步具备生成 3D 内容、数据孪生内容的能力，未来 AIGC 作为关键的工具将具备更强大的能力来支撑更多的内容与场景爆发出来。AIGC 的爆发或许是元宇宙时代内容与场景爆发的前奏，预计未来 2—3 年内将看到越来越多的内容与场景涌现，呈现百花齐放的局面。

以虚拟数字人创作为例，涉及自然语言处理（NLP）、文字转语言（TTS）、知识图谱（KG）等多项人工智能技术。具体而言，虚拟数字人要有感知，包括视觉感知与听觉感知等，即看得见、听得懂、会思考、能回答、能呈现，涉及多维度的技术点。比如看得见就涉及识别物体、识别表情、识别图像等；听得见指的是语音识别，将听见的声音转换成文字去理解，达到听得懂的状态，涉及自然语言处理；理解之后还需进行回复，涉及知识图谱；如何回复涉及语音合成。

AIGC 的快速发展大幅降低了虚拟数字人的制作成本，并简化了制作流程。人类可以从表情、肢体中读取丰富的非语言信息，因此数字虚拟人的表情、动作中一些细微的不自然都能被人们察觉到。比如一个简单的皱眉，将牵动骨骼、肌肉、皮肤的一系列变化，若用传统的手工方式去调整，工作量巨大。此时，AI 的价值就体现出来了，它能够自动生成多种角度、样式的五官及肢体动作，可以大幅降低工作量与制作成本、简化制作流程。类似于 ChatGPT 的对话互动能力，虚拟数字人也将更加理解人类的语言及其所承载的情感，能够更自然地进行交互。

李彦宏判断，AIGC 将走过三个发展阶段：第一个阶段是助手阶段，AI 用来辅助人类进行内容生产；第二个阶段是协作阶段，AI 以虚实并存的虚拟人形态出现，形成人机共生的局面；第三个阶段是原创阶段，AI 将独立完成内容创作。"未来十年，AIGC 将颠覆现有内容生产模式，可以实现以十分之一的成本，以百倍千倍的生产速度，去生成 AI 原创内容。"当然现阶段来看，AIGC 仍然是效率工具，辅助生产工作，在 AIGC 基础之上，人们还是需要进行优化和调整的。其商业模式也处于早期探索阶段，无论是模型、差异化产品上市，还是千行百业的应用，每一环都有很大的价值潜力待挖掘。

目前，AIGC 技术已经率先在传媒、电商、娱乐等领域实现了大规模落地，从导航软件中的"人声"指路，到直播卖货中的"虚拟主播"，都隐藏着它的身影。比如写稿机器人、采访助手、字幕生成、语音播报等相关应用不断涌现，深刻地改变了媒体生产内容的方式，大大提升了行业生产效率。AIGC 帮助虚拟主播拥有多变的形象、媲美真人的声音和多种直播场景。以京东云言犀为例，通过自研的 3D Neural Render 神经渲染器，可以高保真地合成主播面部细节，在互动中，以 2D 及超写实、高精度 3D 数字员工驱动方案，实现了音唇精准同步。目前言犀拥有 100 多个数字人形象，在 2022 年"双十一"期间，在近 200 家付费品牌店铺中开播，累计带来数百万元商品交易总额（GMV）的转化。[①]

目前，各互联网大厂正围绕数字人、AIGC 等商业化落地较快的赛道加大布局力度。比如百度推出了 AI 艺术和创意辅助作画平台文心一格，腾讯打造了写稿机器人"梦幻写手"，阿里巴巴旗下的 AI 在线设计平台 Lubanner 帮助营销人员生产横幅广告（banner）。Gartner 预计到 2025 年，生成式人工智能将占所有生成数据的 10%。[②]

---

① 奇偶派. AIGC 必将嵌入我们的社会与生活［Z/OL］.（2022–12–09）. https://m. ofweek.com/ai/2022–12/ART–201712–8500–30581727.html.

② 零露. ChatGPT 与 AIGC"万神殿"［Z/OL］.（2022–12–08）. https://36kr. com/p/2034882074471432.

第三节
2026 年：智能交互硬件进入家庭端

一、智能交互硬件的本质是以 AI 为内核的垂类硬件

提到智能硬件，很多人第一反应都会想到智能手机、智能音箱等，但现在随着硬件技术与软件技术的不断结合，智能交互硬件正在以越来越多的形态出现，比如智能门锁、智能电视、扫地机器人等，正是以这一个个智能硬件为基础，构建成了万物互联的网络。人与人形机器人、智能电车、未来的各式新硬件，没有本质性的差异，它们都是用"现实世界的 AI 和摄像头（硅神经网络和复杂的视觉系统）"来模拟人的"大脑和眼睛（神经网络和视觉系统）"，所以其构成的关键就在于"AI 内核叠加差异场景的硬件"（见图 6-5）。

因此真正的智能交互硬件（分布式垂类硬件）的成熟必然晚于硬件技术与内核人工智能技术的成熟，特别是 AI 技术

的成熟。目前智能交互硬件正处于 AI 软件定义硬件的阶段。英伟达称其为可编程的硬件，不管是芯片可编程、汽车可编程、AI 眼镜可编程还是机器人可编程，实际上都是把 AI 软件的学习能力、感知能力以及决策能力融入硬件，实现硬件的智能化升级，这是真正的人工智能物联网（AIoT）。感知智能、决策智能、人机博弈甚至人机合作都体现在里面，未来10—20 年，我们认为 AI 算法的成熟节奏将决定智能交互硬件的形态、发展节奏甚至产业链价值分配。

图 6-5　分布式垂类硬件的外在与内核

　　特斯拉的人形机器人是最接近于元宇宙时代的智能交互硬件，透过"擎天柱"我们或许能够看到未来智能交互硬件的雏形。2022 年 10 月，特斯拉举行 2022 年"AI 日"活动，发布了预告已久的人形机器人"擎天柱"。"擎天柱"的设计基于人体，将具有对话能力，其行为方式将尽可能地接近人的行为方式，现场展示了"擎天柱"搬运箱子、为植物浇水、在汽车工厂中移动金属棒的视频。马斯克讲述了特斯拉研发AI智能的目标，即在机器人的参与下，人们可以将简单的重复性工作交给机器人去完成，从而将精力放到更具创造性的工作上。

以"擎天柱"为代表的智能交互硬件（硬件入口、垂类硬件）已走出软硬一体的趋势，软件、硬件、算法等诸多核心环节在一家公司内高度集成（苹果模式，但有别于过往硬件的主流模式——开放平台结合标准化的硬件与软件，再整合），竞争门槛急剧提高。我们可以认为人形机器人、智能汽车等硬件都是遵循"输入—计算平台—输出"逻辑线的智能交互硬件，有形的硬件主体承接与人交互的功能，接收人的反馈作为输入来源之一，基于计算平台运算数据、处理指令、生成内容后输出交互。

特斯拉目前在猛攻"输入"和"计算平台"这两个环节，人形机器人、智能汽车等硬件的传感器等感知系统为输入，超级计算机Dojo则为背后支撑的计算平台。特斯拉表示，Dojo系统构建成功后，Dojo超级计算机预计将成为世界上最强大的超级计算机之一。完全体的Dojo计算集群ExaPod包括120个训练模组、3 000枚D1处理器，FP16算力高达1.1

EFlops。[①] 2023 年 7 月，特斯拉 Dojo 正式投产，根据其公布的算力增长路径图，预计 2024 年 10 月特斯拉的算力总规模将达到 100 EFlops。特斯拉首席工程师 Tim Zaman 对外表示，他们的计算集群仅有 0.3% 的空闲时间，其中 84% 的时间都在处理高优先级的任务，因此急需更多计算资源。Dojo 建成将极大满足对特斯拉对算力的需求，从而加速智能汽车及人形机器人的进化与迭代。特斯拉在智能驾驶领域已经积累了丰富的数据标签，得益于共享的超算平台 Dojo，在人形机器人的开发上，特斯拉只需要针对人形交互方式做额外的设计及算法优化，比如适配一定的执行器。因此，我们判断人形机器人产品导入速度将比自动驾驶当年的导入周期更短。

人形机器人可以为未来智能交互硬件发展的路径提供参考，而人形机器人、智能驾驶等只是目前大家较为熟知的一些智能交互硬件，还有更多的场景有待开发与探索。我们认为 AIGC 的技术突破以及其对 C 端内容与场景的挖掘或将进一步打开智能交互硬件的适用场景。往元宇宙发展方向去推演，大量的数字内容为 AI 生成式内容，体现为虚拟人、3D 场景等广泛的内容，AIGC 的突破使智能交互硬件具备了更

---

① 许超.直击特斯拉 AI 日：首个人形机器人"擎天柱"亮相，预计量产价格在 1 万—2 万美元［Z/OL］.（2022—10—01）. https://wallstreetcn.com/articles/3671664.

强的内容输出能力，包括更接近人类习惯的对话能力、输出更精致的图片/3D内容的能力。得益于强大的内容输出水平，未来智能交互硬件除了陪伴老人之外，还能够指导孩子写作业、讲故事，甚至可以在家庭中扮演一定的角色，帮助营造更好的家庭氛围。

但在未来3—5年，这类智能交互硬件还有一些痛点要攻克，比如因为它们是to C的智能交互硬件，对安全要求更高，还需要经过产品打磨与对道德安全标准的考量；昂贵的成本也会限制其普及率，未来随着技术提升还需要帮助其降低成本。马斯克透露，人形机器人的实际成本不会很高，可能比汽车还低。安德鲁的预测是25 000美元，约16万元人民币。按照特斯拉Model 3的最低售价（约为28万元），保守估计人形机器人售价为20万元。

一旦人形机器人落地，"行动"智能系统产业化拐点或将加速到来。从软件层面看，参考人是目前最强大的通用智能体，人形机器人的算法难度最大，若算法能在人形机器人上实现，向其他场景泛化本质上是降维；从硬件层面看，执行器等零部件若能共用产线，会因为量产规模的增加而带来单个零部件的成本下降。综上，我们认为人形机器人达到一定成熟度后，面向不同场景需求而研发具有"行动"系统的智能交互硬件的边际成本也将显著下降，从而推动产业化浪潮的加速来临。

根据陆奇对于人工智能进化路径的理解，人作为最成熟的通用智能体，在处理外部环境时依次用到了"信息"系统、"模型"系统、"行动"系统，分别获取数据信息、分析处理信息并做出决策、基于决策目标做出行动（见图6-6）。机器如果想要发展成为像人一样的通用智能体，则也需要有这三个系统，其演进的过程可以简单地概括为机器感知世界、理解世界、参与世界。而前沿科技研究转化为生产力有一定的过程，引发生产力大变革的拐点在于当应用这项技术的边际成本转化为某些特定公司的固定成本时，产业浪潮出现。为什么会出现产业浪潮？我们认为这背后的原因是当应用技术的边际成本转化为固定成本的时候，行业可以发挥规模效应分摊技术成本，且减少了重复资源浪费。

回顾机器智能的进化史发现，互联网时代推动"信息"系统成熟化，使得今天信息获取的成本极低；"模型"系统正走过拐点，大模型所带来的泛化能力使模型生产的边际成本下降，转化为特定大公司如OpenAI背后的算力、人才、数据成本；仍有待突破、充满挑战的是"行动"系统的智能化。我们把人形机器人实现背后的"行动"系统智能化放在更高

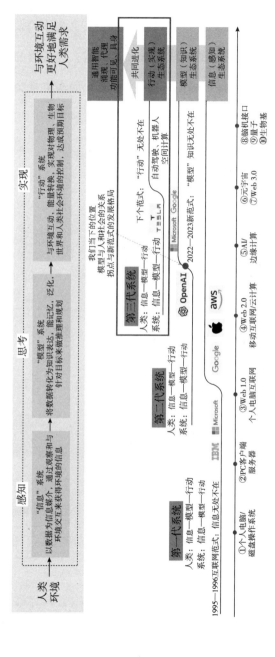

图 6-6　三位一体结构化演化模式

资料来源：奇绩创坛。

229

层的框架下看会发现，一旦其得以突破，人工智能的发展将彻底迈入通用人工智能的阶段，以人形机器人为代表的智能交互硬件或将成为新的物种，与人类并存，而人类社会也将进入人机共生的时代。[①]

① 刘泽晶. 让马斯克疯狂的人形机器人！万亿级新蓝海，揭秘背后产业 [Z/OL].（2022–07–22）. https://m.jiemian.com/article/7684973.html.

第七章

智能与智能体

从趋势上看，元宇宙的高度沉浸感会给用户带来更强劲的"抽离感"，他们将自己从过往的生活方式中快速、高效、极大比例地抽离出来，悬浮于元宇宙的各类场景中。全球科技革命并不进化伦理或人性，经济发展也不必然带来这些进化；相反，各种现实预期差更容易让人抽离，技术的加速迭代会使用户体验的结果更残酷、极端、冷漠。

第一节
"顺人性"与"逆人性"

元宇宙作为下一代计算平台，依托各种场景体验，不仅将用户更多的时长锁定在虚拟世界中，也会因高度沉浸感、更多感官体验的特征而强化用户的成瘾性。元宇宙中的场景，按照底层逻辑，可以分为"顺人性"与"逆人性"两类。

顺人性或逆人性，是针对人的情感需求所做的区分。情感是与生俱来的，人是需要故事、想象力和梦想的。《礼记·礼运》中讲："何为人情？喜、怒、哀、惧、爱、恶、欲，七者弗学而能。"即喜、怒、哀、惧、爱、恶、欲这七种感情是人天生具有的，不用后天学习。

从诸多场景的数量上看，顺人性是"大众"，逆人性是"小众"。创造有价值、有意义的事情，需要付出巨大的努力，逆水行舟方能达成；而大多数人活着就是为了让自己开心，各类视频（长短视频、直播、游戏）多数是在帮用户造梦、圆梦，顺应用户作为人的情感需求。

顺人性或逆人性，是从产品分析的角度去看一款产品投向市场的可能走向。但顺逆人性只是其中一个分类的角度，其他还包括标准化程度、使用频次、现金流情况等角度。

- 顺逆人性：顺人性＞逆人性；顺人性的事，交易行为产生的说服和解释成本低，无须花大力气教育市场用户。
- 标准化程度：标准（产品）＞非标（服务）；产品比服务更少沟通（非标行为），交易摩擦低，便于规模管理。

- 使用频次：高频（永续）＞低频（买断）；高频交易能提供持续现金流，持续性意味着确定性，确定性意味着扩大规模的可能性。

- 现金流情况：现金流好（不押账）＞现金流差（押账）；几乎没有资金占用成本，生意不会越大越受束缚。

　　元宇宙时代的内容，将在当下视频的基础上，由 2D 升级为 3D，且兼具沉浸式与交互式的用户体验，在更多技术形态的支持下，更能顺应人的情感需求。顺人性产品比较典型的就是游戏、视频这一类的产品，它们不断通过内容和机制讨好用户，引导用户花越来越多的时间进行娱乐甚至沉迷其中。但显然，玩游戏、看视频对大多数用户而言仅仅是娱乐消遣，对自我提升并没有太多帮助，甚至有一定的妨害（占用更多时间）。

　　逆人性产品与之相反，它希望通过产品设计和引导，帮助用户克服人性的弱点，比较典型的逆人性产品就是教育、健康这一类的产品。无论是学习还是健身，实际上都是"反人性"的事情，天然要与用户的惰性对抗，因此这类产品成功的难度非常之大。逆人性产品的核心用户，往往也是在这个产品领域中非常专业的用户，故逆人性的产品难以破圈，破圈之后也难以留存，它与顺人性产品之间有着天然的人性屏障。实际上，用户往往因为升学就业等外界压力而不得已使用这类逆人性产品，并不是因为个人兴趣而主动使用。因此，顺人性一般是基于情感需求，逆人性一般是基于利益需求。

例如，外卖行业的成功是因为顺应了人性中的懒惰，奢侈品行业的成功是因为顺应了人性中的虚荣，游戏行业的成功是因为顺应了人性中的贪图享乐，拼多多的成功是因为顺应了人性中的占小便宜。顺应人性的生意和商业很容易功成名就、大获全胜，而对抗人性的生意和商业只能是默默无闻，服务小众群体。

即使是在需要自律的反人性领域，产品努力提供的也是顺人性的服务。健身软件会让用户更明显地看到效果，还可以分享炫耀；学习软件会将一本书浓缩为不到一小时的音视频；美白类牙膏会宣传美白周期短；健身餐也会强调其口感。

顺人性思维对专业领域带来的影响极为深远，正在深刻影响人类社会发展的进程。我们长久以来对文字带有崇拜和思维依赖，是因为文字要言简意赅，要言之有物，要有弦外之音，要隽永深刻，还要有趣味，还不能太多，因为传播有成本，从竹简到纸张都有成本，直到今天电子化了——原来因传播成本被控制而训练成的文本思维，有可能会发生变化，我们对文字的依赖会逐渐弱化，图文的时代、视频的时代即将到来。大众传媒的作用不是追求前沿，前沿是学者、思想者的事情，大众传媒是让没有接触过信息的人接触到。社会变成了一个媒体社会，媒体社会是追踪事件的，一个事件接着一个事件，是不探讨历史逻辑的，呈现出来的是视觉效果，于是短视频替代了长视频，且商业化产品代替了精神文化作品。这一趋势在全世界范围内的各个细分层面，目前都是一个无解的深远变化，顺从还是抵抗，成为众多领域内金字塔尖端人士的共同纠结点。

顺人性对用户思维的影响也极为深刻。用简单的定义去解释复杂的事情，是属于移动互联网后期这一代人的方式，信息太多了，只能用这种方式来定义，以求得一种趋同。此外，信息在跨国界、跨区域传播速度大大增加后，叙事是不是做得好变得越来越重要。最终来看，在这一趋势的裹挟下，重点不是你做的研究发现了什么，而是你的研究发现怎样通过叙事更好地表达出来，然后对人类产生更大、更长远的影响，即 UGC大行其道，PGC 也要重新叙述为 PUGC 才能更适配分发环节。

元宇宙时代，伴随着技术升级带来的诸多加持，顺人性成为大势所趋。在作品供给端越发无力的同时，在 UGC 与PUGC 的裹挟下，用户的抽离感源于场景赋予用户的"镜头幻觉"，即用户的言行均叠加了一层滤镜效果，这是以往的舞台所带来的幻觉——大家都知道你在虚构情节。

造成抽离感的，主要是技术要素。在互联网的发展趋势下，过去所有的小群体一个个被解散，人人都散失在一个陌生的城市里，散失在陌生的人群里，人们无法感知与自己共同生活的小群体，于是每个人都游离于固定的空间以外，也游离于固有的时间序列以外。生活面临困难，好像重新回到了当年的丛林里。今天丛林里的大树就是都市里的摩天大楼，人们用来狩猎的工具是金钱，猎取的对象是其他人类，这就造成人们有着强烈的"抽离感"。受互联网与移动互联网的影响，个人应该能意识到自己已经从大的群体里解放出来，游离在城市里，游离在流动性很强的社会里，但尚未意识到必须重建人与"群"的关系；"己"很简单，就是我自己，对面是一大群看不见的、没有特性的、模模糊糊的人，今天走到街上去，街上每个人都是模糊的，你不知道他的姓名，彼此穿的衣服都差不多，行色匆匆，可是合在一起，你就是其中一个。你就在你所看到的群众里面，在此情况下，我们不再说是"己"附于"群"，或"己"在"群"中不见了，是"己"跟"群"重新合一，自己跟国家、社会、全人类变成整合的新个体。[①] 理解不了这一点，"抽离感"将如影相随。

除了技术要素，工业革命让"过更舒服的生活"成为人

---

① 许倬云．问学记［M］．桂林：广西师范大学出版社，2019：253.

们面对的一大诱惑，重视物质生活与享受、一切向钱看的资本主义弥漫全球，赚钱的动机举世皆然。然而欧洲在资本主义初期，赚钱的动机与宗教的神圣性仍有相当密切的关系，如加尔文教派信仰者，为证明自己是被上帝挑选之人，故在现实生活中必须有所表现，赚钱只是为了表示自己能够成功；加尔文教派信仰者大多勤奋简朴，且其所得均能回馈社会。简言之，市场经济带来的世俗化使人类原本舍命防卫的价值观失去意义，"神圣"也就被"现实"所取代了。在快速发展的社会中，人们几乎找不到时间定下心来，或是回头看看，想想自己是不是应该为这个世界、为四周环境也为自我找份安宁，所剩无几的只有深邃的"抽离感"。

第二节
"再平衡"与"更抽离"

　　"更抽离"在元宇宙时代会加速壮大，同时这也是"再平衡"的基本盘。再平衡是对抽离感的一种对冲，再平衡因何发展壮大，也就能在那里找到再平衡的方法。

任何大的人类共同体，其谋生的部分是经济，其组织的部分是社会，其管理的部分是政治，其理念之所寄、心灵之所依则是文化。当下经济、社会、政治、文化都在全面被冲击，许多人不再有归属感，不再有可遵循的法则与秩序，这是人类社会出现的混沌局面。

"更抽离"是一个全球命题，面临诸多冲击力量。文化多元性所引爆的冲突与质疑，在多元、多主体结构工作之外，正在面临以下几个很大的冲击力量[①]。

- 国际化与全球化。各地的社会人群走向国际化的速度不同，步伐不一致自会引发许多冲突与纠纷。
- 近代科技，尤其是生物科技的发展，冲击了基督教、伊斯兰教等世界上几个主要的宗教体系。
- 信息化。文字、印刷术、电话的出现引发了三次革命，但信息革命无孔不入，影响人们控制、掌握知识的能力以及人群之间交往的深度与广度。信息革命使人与人之间的距离拉近，同时也减少了人与人面对面的接触。从前者，我们重新组合人群；从后者，我们正在离散固有的人群结构。

---

① 许倬云. 观世变［M］. 桂林：广西师范大学出版社，2019：349–352.

时代背景的复杂性在于，人类社会正在彻底重组的过程中，这个过程不知道要到哪天才能停止。将来的世界，不是今天或昨天的欧美世界，不是我们今天所理解的多样性板块，而是一个错综复杂、不再有中心的网络。这个网络像是由许多不同种类的藤条错综纠缠而成的网，一点秩序都没有，一点线索都找不到，但是它自己会有自己的通路。[①] 从积极的角度看，我们不受任何教条的束缚，有一个比较自由的心灵；多元文明的冲击使我们每一个人都有机会接触另一套想法，今天资讯丰富，我们能采撷的灵感泉源要比过去多得多。

现代则已进入另一局面，都市化与工业化下原有的社群小区都已瓦解殆尽，于是群体取向的生活也无所附丽。加上近代多种文化的接触，经由各种媒介的传播，即使穷乡僻壤也不能逃避其他文化（尤其是欧美强势工业文化）的冲击。许多传统的信念已不再能有当年的说服力与约束力，新的信念又一时不能成形。一般大众都不免迷惑、困惑，不知何所适从。理想已遥远，现实又失序，这两者之间，已不是落差问题。个人可以有无限选择的自由，但没有抉择的能力。于是日常生活只是活着，人人不知如何找到安身立命之所，更

---

① 许倬云.问学记［M］.桂林：广西师范大学出版社，2019：248.

不再说终极的关怀何在！[①]我们不再有不自觉的规范，也没有自觉而可以修持的理想。

总结来看，"更抽离"的发展源于三个方面。一是心智活动以科技为主；二是经济活动以工业生产为主；三是社会一方面趋于高度的组织化，另一方面却趋于高度的个人化。这三个方面都强烈呈现着工具性及手段性的理性，而缺少目的性的关怀。未来人类共同文化中，工业生产也是一个重要的环节，工业革命肇始于西欧，至今则全球均在工业化的过程中。普遍工业化的后果是，人类夺取各种能源与资源，制成各种产品。总体而言，人类的生活达到了空前的方便与舒适；但对地球资源而言，则开采与使用越为迅速，其消耗也越为加速进行。在国家与大企业之外，过去的邻里乡党、小区团体等都因为城市化及社会流动性增强，而逐渐丧失其中介团体的作用。既不能有中介团体担任强大组织与个体之间的缓冲，又不能有中介团体凝聚散乱的个体，发挥其温煦的功能，个人遂不得不成为孤寂的一分子，处处都是人，却人人不关心他人。

具体来看，抽离感产生的另外一个原因，是我们正在失

---

① 许倬云．问学记［M］．桂林：广西师范大学出版社，2019：249.

去与自己身体的联系。如果人感觉不到自己主宰着自己的身体，就永远也感觉不到自己主宰着这个世界，所有新技术在做的，是把我们从自己的身体里赶出来，把我们与网络空间链接在一起。这些新技术能带来巨大的经济效益，但人类要付出很大的精神代价。现代社会都陷入了某种精神危机，人无法安身立命，西方、东方都有相似的危机。而世界上诱惑太多——没有金钱，人不能过日子；没有手机，人不能过日子；人必须处在这种生活中间，不能独立，得随着大家跑——大家用什么，自己就跟着用什么。当下媒体、网络很发达，每个人彼此影响，但是难得有人自己思考。人们听到的信息很多，但不一定知道怎么挑选，也不知道人生该往哪个方向走。现在对大问题做注脚的人越来越少，因为答案太现成了，都像思想上的麦当劳，随手一抓就一个，短暂吃下去，吃饱了，不去想了。所以今天物质生活丰富方便，精神上却空虚苍白，甚至没有，人这么走下去，也就等于变成活的机器，没有自己了。

过去几乎所有的人类发明和发现都是给人控制外部世界的力量，我们学会了如何控制其他动物、森林、河流，但我们未曾拥有过控制人体内部世界的力量，因为我们不了解身体、大脑、心灵的结构，而这正是 21 世纪即将发生的重大变化。

我们获得了控制外部世界的力量，但我们并不了解外部世界，这是人类面临着生态灾难的原因。同样的事情也可能发生在人体内部世界，结果就是我们将面临精神崩溃，类似于我们现在看到的生态崩溃。

个人变得原子化且与"即刻"结合在一起，就变得比较极端了。生物关系是一种再平衡。当今社会人丧失了一种自信，不再觉得能够构造出一种互相信任的关系，所以就越来越以这种超社会的生物关系作为意义的基础。贫富分化是一个原因，与即刻性也有关系。

从再平衡的角度看，互联网带来的是周边所有的东西都数字化；下一步是所有周边服务都智能化，你大脑中的一些记忆的部分、一些简单逻辑推理的部分，也都外延了，逼迫你去做一些更有创造力的事情，让更多人都能参与到历史创造里去。

从再平衡的角度看，个人的意义和尊严不在于个人，一定在于关系，真正的出路是去构建关系。在大部分时间里，大部分人并不是在强调个人的独一无二，而是在强调关系，比如儒教就是在讲关系，以及怎么样去协调关系。没有一个天然的个人尊严在那里，它一定是需要构建的，所以你的出发点不是你个人的自由和尊严，必须是你和别人、你和周围环境、你和世界的关系，然后从中找到自己的自由和尊严。

从人的角度重新把这些抽象的技术系统做一个解释：程序员的工作场所的社会性意义已经很弱了，替代的社会场所在哪里？在哪里会形成一种新的连接？弱连接跟生物学关系之间，缺失中间这个层次。这个中间的消失，就是附近的消失，而这个附近的构建，就是"再平衡"。

一个人如果总是直线式往前走，时间持续得太久以后，人本身的心理和状态会发生病变。如果人愿意对一些大的话题做内在挖掘，比如"人最终活着是为什么"，将为未来40年的快速增长奠定一个精神上的基础。之前40年，人在很大程度上是作为"经济人"而活着，而现在"经济人"要终结了，变成一个更丰富的人。未来科技并不一定进化伦理或人性。相反，各种现实预期差更让人容易抽离。还好，我们有再平衡的力量——逆人性的构建：创造、关系、附近。期待这些场景们！

元宇宙是新的时空，场景则是在元宇宙时代被切割出来的新时空。一方面，基于升维至3D、沉浸、交互、更多感官体验维度，新的场景将具有更强的体验感；另一方面，有诸多要素可以辅助于"创造""关系""附近"的构建以发挥"再平衡"的力量。人作为用户时长与可支配收入的要素拥有者，一方面会被更加剧烈地争夺，另一方面则有更多可以被救赎的探索。

第三节
重构时空的元宇宙与混合平台的脑机接口

从 ChatGPT 到 Sora 再到 Kimi，"智能"正在一日千里；从特斯拉的"擎天柱"到英伟达的 Isaac Reinforcement Learning Gym（专为人形机器人打造的"健身房"，帮助其学习如何适应并融入物理世界），"智能体"也如雨后春笋般涌现。

智能与 MR 正在重构时空，即真正开启元宇宙的建设；智能与智能体，以人形机器人、脑机接口为代表，正在探索混合平台的构建。人将同时面临重构时空与混合平台的双重挑战，那么，未来人是否要一边进入重构的时空里，一边与各类智能体共存，且在更远的未来被改造成混合平台？如何理解上述三个层面的齐头并进？

而是一方面要在元宇宙这一新时空中完成作为智能实现的内在部分，即不借助外在的观察材料，大脑与感官直接作用；另一方面人的硬件（身体）则需要被升级甚至重塑——脑机接口，以天生具备的智能部分作为算法，强化算力。升级后的人作为硬件，或与通用计算平台的运算实力相当，同时也走通了智能的真正深入探索，完成了机器生命的范畴。

根据未来哲学社耿侃的观点，智能并不是一个局部功能的松散集合，而是一种以有意识的思想者为前提的生物现象。

真正的智能严格来讲要有自我意识，能实现自学习、自编程，才能叫作人工智能。目前人工智能大部分的工作只是在建构它捕捉外部世界的能力——不管是一台机器、一个人形机器人，还是一个机器盒子，严格来讲这只能算是对一个复杂问题有求解的能力。科技的发展在进入第三个 1 000 年时发生了本质性的变化：第一次针对人类自己，而不再对外，这是人类历史上、科技史上、技术史上从没有过的——表现出的最大特点就是意识问题。从哲学角度看，人工智能最棘手的问题，是它看上去充满未来感和高科技，但实际上是建立在早已过时了至少两百年的哲学体系上。唯识学认为，一个智能有四个层面，且四个层面是层层嵌套的（一个是另一个的基础），经典人工智能是从这四个层面的"最表层"开始去探索，并未整体去考虑智能本身（更意识不到智能有四层），而是过于工具化地去想怎么从技术上解决，即经典人工智能认为"智能"就是人的大脑，是对数据 / 符号的抽象化处理。

关于感知。人工智能最大的标志是自我意识，而自我意识这件事情是东方哲学最擅长的，不管是"禅定"这种最古老的方式，还是"唯识学"对自己意识的理解、剖析。感知不是第一代人工智能讲的纯粹的、被动的接收器，真正的感知是很复杂的，是有意识混合的。

关于"身体"。西方对智能的理解，在哲学以及实践上其实已经开始知道要有意识、有能力处理符号系统、人工神经网络，还要有"身体"。我们的智能不在大脑里，而是遍布全身的，如果没有身体对外的感知、运动，是没有办法做到智能的；马斯克的人形机器人错解了身体，智能结构里的身体不是有四肢就可以的，它的身体背后一定有意识跟它混合，不是单纯的、人形的、有接收感应器的硬件，不是一个物理装置。

科学革命一方面是希腊思想的传承，另一方面只是希腊思想其中一个方向——追求真理。现在的硅谷和希腊思想之间，有一条绵长的线。这条线现在被看作了所谓的主流，但从希腊思想看，这就是一个支流，只不过这个支流变大了。在我们的精神世界里，都讲境界高低，不讲真。希腊人的思想，是对遥远的世界求真。任何一个文化都有关于"天"的种种理论，只有希腊人会去算地球有多大，地球离月球有多远。精神世界的大多数东西无法计算，但是希腊思想用同样的方式来对待它们。什么是真的生活？什么是真的人格？什么是真正的自由意志？真正良好的政治是什么样的？希腊人是用这样的精神去对待这类事情，他们认为这里面有对错，而不只是有高低。这样的思想态度是希腊式的，后来的自然科学显然和希腊的这种思想有关。故脑机接口是人们开始把整个生物学都视为计算机逻辑的典型实例。未来在元宇宙的虚拟时空中，会继续传承希腊思想吗？计算机隐喻是否可能超越数学，成为一套新的宇宙符号？

故元宇宙的未来，要大幅度突破 XR 本身，要突破我们对现状的很多理解，达到一个机器生命的范畴。XR 是始于 VR 的，好的 VR 体验包括三个主要技术底座，即好的视觉、音频和交互。AR 还需要其他更多的技术，比如环境感知、物体识别等。此外在通信上，必然会要求有连接性，故 VR 与 AR 必然会融合，成为一种混合技术。从技术迭代角度，XR 即脑芯技术的应用场景之一，更是升维模式，这样就打通了 AI、神经科学和其他协同矩阵，并可以从另一角度设计我们的硬件。具体来看，则是人作为用户，同时踏入了两条技术河流——重构时空的元宇宙、混合平台的脑机接口。

未来脑芯一定会大行其道，是因为人可以很容易获取信息和反馈，以及忽略所有的过程意义，谁在乎过程呢？飞速运转的系统里，人类终将成为一个低维度生存的终端。通俗地说，我们越发凭借我们的感知来判断，但我们所接收的信息却被扭曲、异化了，以至于不再有什么绝对性。这个世界越发"模拟"，我们也越发成为"终端"。人通过手机所看到的、听到的，都可能是扭曲的；社会越来越行为金融，人的行为也越来越依赖于别人行为的层层叠叠的反馈。

同时，从社会治理的角度看，便捷性、一致性、集体主义，这些原本属于政治范畴的定义，借助数据技术，迅速成为工具化的潮流。在一个充满个性、自由的社会，数据主义毫无疑问迎合了政治需要，登堂入室。举目四望，凡是迎合这种趋势的，都是"前景广阔"的"未来趋势"，反之则"日渐式微"。基于两者的结合，人未来会是"被抽离了最大幅度自由的智人"。

作为机器生命，人作为用户，一方面，在重构时空的元宇宙中，真正接近于智能的内在部分——意志与感觉器官的相互作用，而不再需要观察对象/感觉材料；另一方面，作为混合平台，以脑机接口的方式升级人的硬件，达到真正的机器生命的范畴。伴随着硬件的重新设计，人的时空观也将彻底改变。

后　记

《AI 场景革命》一书，成文是按照系统的研究方法去定义，去归纳本质、历史观、终局，去分析当下、展望与预判未来。它可以成为元宇宙时代抓爆款的指导手册——展示了三大维度、八大模型。

本书力图在三大维度的"底层逻辑"上着墨更多，因为元宇宙作为下一代计算平台，在"顺人性"上势不可当，亦不可逆。人作为用户，会被裹挟得"更抽离"。同时，元宇宙又有可以救赎用户的要素与条件。此外，人在元宇宙时代，要被同时裹挟入"虚拟现实"与"人机协同/共生"两条并向的技术洪流里，思想上"更抽离"，身体作为硬件"被改造"。我们看得见大趋势，也看得到大趋势下人作为用户的"身不由己"，不由得让我们反问自己：为何一定要走向元宇宙与智能？人未来若成为硬件终端的一种，生存将会成为什么模样？意义将指向何方？后续我们将努力系统地回答这些问题。